KB051627

핵심만 쏙! 실무에 딱!

데이터베이스 MySQL 기초 활용

박 영 희 지음

光文閣
www.kwangmoonkag.co.kr

▌ 머리말

오늘날 디지털 시대에서 데이터는 비즈니스와 기술의 핵심 자산입니다. 폭발적으로 증가하는 데이터를 효율적으로 관리하고 활용하는 데 중요한 역할을 하는 것이 데이터베이스입니다. 데이터베이스는 웹 애플리케이션, 모바일 앱, 전자상거래 시스템 등 다양한 기술의 근간을 이루며, 이를 이해하고 활용하는 능력은 모든 IT 전문가에게 필수적입니다.

MySQL은 전 세계적으로 가장 널리 사용되는 오픈소스 관계형 데이터베이스 관리 시스템(RDBMS) 중 하나로, 많은 기업과 개발자들이 대규모 데이터를 효율적으로 관리하기 위해 사용하고 있습니다. MySQL은 무료로 제공되면서도 강력한 기능을 제공하기 때문에, 다양한 규모의 프로젝트에서 활용되고 있습니다.

저자는 대학에서 데이터베이스를 강의하며 수많은 교재를 접하였습니다. 충실하고 전문적인 내용을 배우고 전달하고자 했지만, 현재 대학 실정에서는 한 학기에 다루기 어려운 분량으로 단 한 권의 교재를 선택하기가 힘들었습니다. 이로 인해 교재 집필을 결심하게 되었습니다.

이 교재는 데이터베이스에 대한 기초 입문서로서, 데이터베이스를 처음 접한 사람들이 MySQL의 기본 명령어와 문법을 이해하는 것에서 시작하여, SQL 질의문 작성 위주로 실습하도록 구성되었습니다. 이론 부분은 기초 단계에서 꼭 필요한 내용만을 발췌하여 최소화하였으며, SQL 질의문 실습을 통해 이론을 추가하는 방식으로 구성하였습니다.

교재 내의 실습 테이블은 학생들의 프로젝트 실습 재료 구매 프로세스를 기준으로 구성하였으며, 각 장에서 제공되는 실습 문제와 예제는 실제 현장에서 마주할 수 있는 다양한 상황을 반영하고 있습니다. 각 장의 실습 과제를 성실히 수행하면, 실무 환경에서도 MySQL을 활용해 데이터를 관리하고 문제를 해결할 수 있는 자신감을 얻을 수 있을 것입니다.

저자의 바람은 한 학기 동안 배운 내용이 학습 과정에서의 도전과 문제를 해결하는 데 도움이 되고, 여러분의 데이터베이스 학습 여정에 든든한 길잡이가 되기를 바랍니다. 또한, 실무에서의 응용력을 키우는 좋은 기회가 되기를 희망합니다.

이 교재가 출간되기까지 많은 분의 도움과 지지가 있었습니다. 먼저, 이 교재를 통해 데이터베이스를 배우고자 하는 여러분께 깊은 감사의 말씀을 전합니다. 여러분의 학습 의지와 열정이 이 교재의 가치를 더욱 빛나게 할 것입니다.

바쁜 일정에도 불구하고 좋은 책 출판을 위해 애써 주신 광문각 박정태 회장님을 비롯한 임직원분들께도 감사드립니다. 여러분의 소중한 피드백과 지원 덕분에 이 교재가 완성될 수 있었습니다.

끝으로, 교재 내의 그림과 표를 작성해 준 아들 민준에게 감사와 사랑을 전합니다.

2024년 8월 저자 박영희

🔍 목차 CONTENTS

Part 1. 데이터베이스 개론 ········· 11

chapter 1. 데이터베이스 기본 개념 ········· 12

01. 데이터베이스 개요 ········· 12

　1. 데이터베이스의 특징 ········· 14

　2. 데이터베이스의 활용 분야 ········· 15

02. 파일 관리 시스템(FMS)과 데이터베이스 관리 시스템(DBMS) ····· 16

　1. 파일 관리 시스템(FMS) ········· 16

　2. 데이터베이스 관리 시스템(DBMS) ········· 17

03. 데이터베이스 시스템의 구성 ········· 22

　1. 데이터베이스 사용자 ········· 22

　2. 데이터베이스 언어 ········· 25

　3. 데이터베이스 관리 시스템 ········· 27

　4. 데이터베이스 모델과 3단계 구조 ········· 28

■ 연습문제 ········· 34

chapter 2. 관계형 데이터베이스 시스템(RDBMS) ········· 36

01. 관계형 데이터베이스 시스템의 구성 ········· 36

　1. 릴레이션(Relation) ········· 37

　2. 속성(Attribute) ········· 40

3. 도메인(Domain) ·· 42

4. 키(Key) ·· 43

■ 연습문제 ·· 46

Part 2. SQL 기초 ··· 47

chapter 3. MySQL 소개 ··· 48

01. MySQL 역사 ··· 48

02. MySQL 설치 ··· 50

■ 연습문제 ·· 64

chapter 4. SQL 기본 문법 ·· 65

01. 데이터 정의 언어(DDL) ··· 65

1. 데이터베이스 생성, 삭제, 열람, 선택 ································· 66

2. 테이블 생성(CREATE TABLE) ·· 69

3. 테이블 변경(ALTER TABLE) ·· 87

4. 테이블 삭제(DROP TABLE) ··· 93

■ 연습문제 ·· 95

02. 데이터 조작 언어(DML) ··· 102

1. 데이터 삽입(INSERT) ·· 102

2. 데이터 갱신(UPDATE) ·· 116

3. 데이터 조회(SELECT) ·· 119

4. 데이터 삭제(DELETE) ·· 129

■ 연습문제 ·· 133

Part 3. SQL 고급 문법 137

chapter 5. 조인(JOIN) 138

01. 다양한 조인(JOIN) 기법 138

1. 내부조인(INNER JOIN) 139
2. 자연조인(NATURE JOIN) 143
3. 외부조인(OUTER JOIN) 154

■ 연습문제 161

chapter 6. 서브 쿼리(Sub Query) 162

01. 서브 쿼리의 개념 162

02. 서브 쿼리별 활용 163

1. 단일 행 서브 쿼리(Single Row Subquery) 163
2. 다중 행 서브 쿼리(Multi Row Subquery) 166
3. 다중 컬럼 서브 쿼리(Multi Column Subquery) 167
4. 연관 서브 쿼리(Correlated Subquery) 169

03. 기타 위치의 서브 쿼리 활용 171

1. SELECT 절 171
2. FROM 절 173
3. HAVING 절 175

■ 연습문제 177

chapter 7. 집계 함수와 그룹화(GROUP BY) 179

01. 집계 함수 179

1. 집계 함수를 이용한 검색 179
2. 별명(ALIAS)을 부여하여 검색 183

02. 그룹화 함수 ·· 186

   1. GROUP BY ··· 186

   2. HAVING 절 ·· 188

03. 산술 연산자를 이용한 검색 ·································· 192

   1. 수치 함수 ·· 193

   2. 날짜 함수 ·· 197

   3. 문자열 함수 ··· 200

  ■ 연습문제 ··· 206

Part 4. SQL 활용 ·· 207

chapter 8. 인덱스(INDEX) ······································· 208

01. 인덱스의 개념 ··· 208

   1. 인덱스(Index)의 정의 ··· 208

   2. B-Tree(Balanced Tree, 균형 트리) 구조 ················· 210

02. 인덱스의 활용 ··· 211

   1. 인덱스의 생성(CREATE INDEX) ······························· 211

   2. 인덱스의 확인(SHOW INDEX) ·································· 215

   3. 인덱스의 재구성(ALTER INDEX) ······························ 216

   4. 인덱스의 삭제(DROP INDEX) ·································· 217

chapter 9. 뷰(VIEW) ··· 218

01. 뷰의 특성 및 종류 ··· 218

02. 뷰의 활용 ··· 219

   1. 뷰의 생성(CREATE VIEW) ·· 219

   2. 뷰의 검색(SELECT * FORM 뷰 이름) ······················ 222

3. 뷰의 수정(ALTER VIEW) ··· 224

4. 뷰의 삭제(DROP VIEW) ··· 226

■ 연습문제 ··· 227

chapter 10. 트랜잭션 제어문(TCL) ·· 230

01. 트랜잭션(Transaction)관리 ··· 230

1. 트랜잭션의 특성 ·· 231

2. 트랜잭션의 대상 ·· 231

02. 트랜잭션 제어문 ·· 232

1. 트랜잭션의 완료(COMMIT) ·· 232

2. 트랜잭션의 취소(ROLLBACK) ·· 236

3. 임의의 저장점 설정(SAVEPOINT) ·································· 238

■ 연습문제 ··· 241

chapter 11. 데이터베이스 보안과 권한 관리 ·· 244

01. 권한 허가(GRANT) ··· 244

1. 권한의 제한 ·· 245

2. 대상의 제한 ·· 248

3. 사용자의 제한 ·· 250

4. 권한 확인 ·· 251

02. 권한 제거(REVOKE) ··· 253

■ 연습문제 ··· 255

PART 1

데이터베이스 개론

chapter 1. 데이터베이스 기본 개념

chapter 2. 관계형 데이터베이스
시스템(RDBMS)

MySQL™

chapter 1 데이터베이스 기본 개념

01. 데이터베이스 개요

　　데이터(data)는 현실 세계에서 관찰하거나 측정한 결과로 얻어진 단순한 사실(facts)이나 값(values)을 의미한다. 반면, 정보(Information)는 이러한 데이터를 처리하여 의미 있는 형태로 만든 것이다. 예를 들어, 쇼핑몰 운영 회사의 경우 회원이 회원 가입을 하고 물건을 구매할 때 생성되는 회원 정보와 상품 정보는 데이터이다. 이 데이터를 바탕으로 상반기 매출 실적 보고서를 작성하거나 경영 의사 결정을 지원하기 위해 가공된 형태가 정보이다.

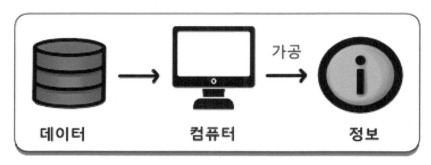

[그림 1-1] 데이터와 정보

데이터베이스를 구축하는 주된 목적은 현실 세계의 정보를 보다 정확하고 신속하게 처리하는 것이다. 데이터베이스를 구성하려면 데이터를 저장하고 처리하기 위한 컴퓨터, 소프트웨어, 데이터베이스 관리자, 그리고 사용자가 필요하다. 이러한 요소들을 통틀어 데이터베이스 시스템이라고 한다.

데이터베이스는 특정 조직의 응용 업무를 위해 데이터를 통합(integrate)하고 컴퓨터 저장 장치에 저장(store)한 운영(operation) 데이터의 집합이다. 이를 다음과 같이 정의할 수 있다.

① 공용 데이터(shared data)

데이터베이스는 대규모 데이터 저장소로서 여러 사용자가 다양한 목적으로 동일한 데이터를 공유할 수 있다.

② 저장된 데이터(stored data)

데이터베이스는 데이터 구조를 프로그램과 분리하여 디스크와 같은 기억 장치에 저장된 데이터를 말한다. 데이터베이스에 저장되므로 프로그램과 데이터 간의 독립성이 보장된다.

③ 통합된 데이터(integrated data)

데이터베이스는 중복된 데이터를 포함하는 개별 파일 대신 모든 데이터를 중복을 최소화하여 통합한다.

④ 운영 데이터(operational data)

조직의 목적에 부합하는 데이터로서 명확한 존재 목적과 유용성을 가진 데이터를 말한다.

1. 데이터베이스의 특징

데이터베이스는 같은 데이터가 상이한 목적을 가진 여러 응용에 중복되어 사용될 수 있다는 공용의 개념에 기초를 두고 있다. 아래는 데이터베이스 시스템의 주요 특징을 설명하고 있다. 각 항목은 데이터베이스가 어떻게 작동하고 어떤 특성을 갖고 있는지를 설명한다.

① **실시간 접근성**(Real-time Accessibilities)

생성된 데이터를 즉시 컴퓨터로 보내 처리하는 방식으로 질의(query)에 대한 실시간 처리(real-time processing) 및 응답할 수 있어야 한다.

② **계속적인 변화**(Continuous Evolution)

새로운 데이터의 삽입(insertion), 삭제(deletion), 갱신(update) 등이 수시로 이루어진다. 즉 데이터베이스에 저장된 데이터의 내용은 정적이 아니고 동적(dynamic) 특성을 지니고 있다.

③ **동시 공유**(Concurrent Sharing)

데이터베이스는 상이한 목적을 가진 응용을 위한 것이기 때문에 여러 사용자가 원하는 데이터에 동시에 접근하여 이용할 수 있어야 한다.

④ **내용에 의한 참조**(Content Reference)

데이터 레코드들의 주소나 위치가 아니라 사용자가 요구하는 내용, 즉 데이터가 가지고 있는 값에 따라 참조된다.

📇 2. 　데이터베이스의 활용 분야

　현대 사회는 정보화 사회로 발전하고 있으며 데이터베이스는 이러한 정보화된 사회에서 중요한 역할을 한다. 데이터베이스는 현실 세계의 다양한 정보를 정리하고 관리하는 기술로, 일상생활의 거의 모든 분야에서 활용된다. 이는 반드시 컴퓨터를 이용하는 것에 국한되지 않고 유형과 무형의 다양한 정보를 포함한다.

　예를 들어, 생산 정보는 제품 생산 과정에서 발생하는 데이터를 포함하며, 지리 정보는 지리적 위치와 관련된 데이터를, 기상 정보는 날씨와 관련된 데이터를 데이터베이스화하여 관리한다. 또한, 교통 정보는 교통 혼잡도, 금융 정보는 금융 거래와 관련된 데이터, 항공기 좌석 예약 정보는 항공 예약 데이터 등을 데이터베이스에 저장하여 효율적으로 관리한다.

　이렇게 데이터베이스는 다양한 정보를 통합하고 관리함으로써 사회의 다양한 영역에서 효율성을 높이고 의사 결정 과정에서 필수적인 역할을 한다.

[그림 1-2] 데이터베이스 활용 분야

02. 파일 관리 시스템(FMS)과 데이터베이스 관리 시스템(DBMS)

1. 파일 관리 시스템(FMS)

파일 관리 시스템(FMS : File Management System)은 파일을 생성, 검색, 조작할 수 있는 소프트웨어 시스템을 말한다. 파일 관리 시스템으로 구축된 응용 프로그램은 데이터가 저장될 파일을 따로 관리하고 저장된 데이터를 서로 공유하지 않기 때문에 그림과 같이 데이터가 중복 저장될 수 있다.

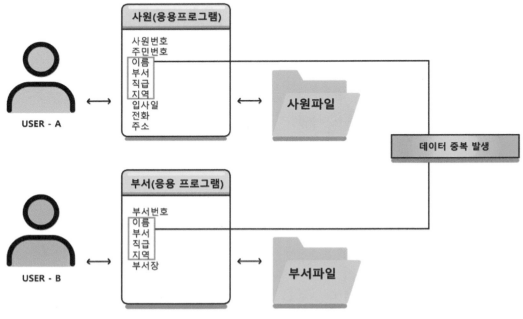

[그림 1-3] 파일 시스템

파일 관리 시스템의 특성으로 인하여 다음과 같은 문제점이 발생한다.

① 응용 프로그램의 종속성(Data Dependency)

각 응용 프로그램은 파일의 구조를 직접 정의하고 사용하기 때문에 파일 구조 변경 시 모든 관련 응용 프로그램도 수정해야 한다. 이는 유지보수 비용과 오류 발생 가능성을 증가시킨다.

② 데이터의 중복성(Data Redundancy)

각 응용 프로그램이 독립적으로 데이터를 관리하므로 동일한 데이터가 여러 파일에 중복 저장될 수 있다. 이로 인해 데이터 수정 시 일관성 유지가 어려워질 수 있다.

③ 데이터의 호환성(Data compatibility)

파일 형식이 응용 프로그램에 따라 달라지므로 다른 프로그래밍 언어로 작성된 응용 프로그램이 동일 파일을 사용하기 어려울 수 있다. 이는 시스템의 유연성을 제한한다.

📇 2. 데이터베이스 관리 시스템(DBMS)

데이터베이스 관리 시스템(DBMS : DataBase Management System)은 전통적인 파일 관리 시스템의 문제점을 해결하기 위하여 데이터를 통합적으로 관리하는 소프트웨어이다. 데이터의 구조화된 저장 및 관리를 통해 데이터의 중복성을 줄이고, 데이터 접근과 수정을 효율적으로 관리할 수 있는 기능을 제공한다.

특정 조직이 데이터베이스를 보조 기억 장치(예: 디스크)에 저장하고 지속적으로 유지 관리해야 할 때, 데이터를 효율적으로 검색하거나 데이터를 삽입, 수정, 삭제할 수 있는 프로그램이 필요하다. 이러한 기능을 제공하는 것이 바로 데이터베이스 관리 시스템(DBMS)이다.

데이터베이스 관리 시스템은 데이터베이스의 정의, 질의 처리, 리포팅 등 다양한 작업을 수행할 수 있는 소프트웨어이다.

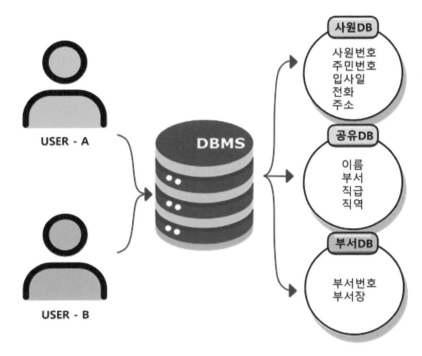

[그림 1-4] 데이터베이스 관리 시스템

1) DBMS의 장점

① 데이터의 중복 제어

파일 관리 시스템의 이용 시 데이터를 파일 단위로 저장하므로 중복이 가장 큰 문제였다. 데이터베이스 관리 시스템을 이용할 경우 데이터를 공유하기 때문에 중복의 가능성을 최소화하고 또 중복 저장해서 생기는 저장 공간의 낭비도 줄일 수 있다.

② 데이터의 일관성 유지

파일 관리 시스템을 이용 시 데이터 중복성 때문에 생기는 데이터의 불일치 문제가 발생될 수 있었는데 데이터베이스 관리 시스템을 이용할 경우 데이터의 중복 저장을 최소화할 수 있기 때문에 데이터의 불일치 문제에 대한 위험 부담을 줄여 데이터의 일관성을 유지할 수 있다.

③ 데이터의 독립성 유지

데이터베이스 관리 시스템은 저장 데이터와 응용 프로그램을 분리하여 관리하기 때문에 데이터 구조의 변경이 일어나도 데이터의 독립성을 유지할 수 있다. 또한, 데이터베이스의 관리가 용이해진다.

④ 데이터의 백업과 복구

데이터베이스의 백업과 복구를 지원하여 데이터 손실을 방지하고 장애 발생 시 데이터 복구를 용이하게 한다.

⑤ 데이터의 표준화 기능

데이터베이스 관리 시스템을 이용함으로써 데이터 형식, 문서화, 응용 프로그램 등의 표준화(standardization)를 강화할 수 있다.

⑥ 데이터의 무결성 유지

데이터의 무결성(integrity)이란 데이터가 결점이 없는 정확한 성질을 말하는 것이다. 데이터베이스 시스템은 데이터의 정확성과 일관성을 유지하도록 도와준다. 정해진 규칙에 따라 데이터를 관리하고 잘못된 데이터 입력을 방지한다.

⑦ 데이터의 보안성 유지

데이터 액세스 제어를 통해 보안(security) 유지가 용이하다. 부적절한 데이터베이스 접근을 차단할 수 있으며, 데이터베이스 관리자(DBA)에 의해 사용자별로 접근 권한을 차등 제한하여 보안을 유지할 수 있다.

2) DBMS의 단점

① 과다한 비용
DBMS를 구축하고 유지하기 위한 초기 비용과 유지보수 비용이 상대적으로 높을 수 있다.

② 자료 처리의 복잡성
데이터베이스에는 다양한 형태의 많은 데이터들이 저장되어 있으며 서로 복잡하게 관련이 되어 있기 때문에 자료 처리가 복잡해지고, 데이터베이스가 너무 커지거나 복잡한 질의를 처리할 때 성능 저하가 발생할 수 있다.

③ 전문적인 기술과 지식의 필요
장애 발생 시 백업(backup)과 복구(recovery)에 대한 전문적인 기술과 지식이 필요하다.

다음은 데이터베이스 관리 시스템의 장단점을 비교해 놓은 표이다.

장점	단점
중복의 최소화 일관성 유지 독립성 유지 데이터 관리 기능 표준화 가능 무결성 유지 데이터 보안	과다한 운영비 자료 처리의 복잡성 백업, 복구의 어려움

[표 1-1] 데이터베이스 관리 시스템의 장단점

3) DBMS의 종류와 특징

DBMS는 데이터 모델, 아키텍처, 용도에 따라 다양한 종류로 분류된다.

(1) 관계형 DBMS(RDBMS: Relational Database Management System)

관계형 데이터베이스 관리 시스템(RDBMS: Relational Database Management System)은 관계형 데이터베이스를 관리하는 소프트웨어 시스템이다. RDBMS는 데이터를 테이블 형태로 저장하고, 이를 관리, 조작, 검색할 수 있도록 다양한 기능을 제공한다. SQL(Structured Query Language)을 사용하여 데이터를 정의하고 조작한다. 강력한 쿼리 기능과 데이터 무결성 보장 그리고 ACID 트랜잭션 지원 등의 장점이 있으며, 복잡한 데이터 구조나 비정형 데이터를 다루기 어렵다는 단점이 있다.

종류로는 MySQL, PostgreSQL, Oracle Database, Microsoft SQL Server 등이 있다.

(2) NoSQL(Not Only SQL 혹은 Non-Relational Operational DataBase)

비관계형 데이터베이스로, 다양한 데이터 모델(Key-Value, Document, Column-Family, Graph)을 지원한다. 스키마가 고정되지 않으며, 대규모 분산 환경에서 높은 확장성을 제공한다. 장점으로는 유연한 데이터 구조와 확장성, 대용량 데이터 처리를 위해 최적화되어 있으며, 빠른 읽기/쓰기 성능을 제공한다. 분산된 클러스터에서 작동하기 때문에 비용적으로 효율성이 높다.

단점은 표준화된 쿼리 언어가 부족하며 데이터 일관성을 완벽히 보장하기 어렵다.

종류로는 MongoDB(Document), Cassandra(Column-Family), Redis(Key-Value), Neo4j(Graph)가 있다.

(3) 객체 지향 DBMS(OODBMS: Object-Oriented Database Management System)

객체 지향 데이터베이스 관리 시스템(Object-Oriented Database Management System, OODBMS)은 객체 지향 프로그래밍의 개념을 데이터베이스 관리에 적용한 시스템이다. 객체 지향 언어와의 통합을 통해 객체 모델링을 지원하며, 객체 지향적 접근 방식으로 데이터를 저장·조회·관리한다. 프로그래밍 언어의 객체 모델과 데이터베이스 모델 간의 불일치를 해결하여 개발 생산성을 높이고 상속과 다형성을 통해 코드의 재사용성과 확장성을 높인다는 장점과 단점으로는 표준화된 모델이나 쿼리 언어가 부족하며 기존 시스템과의 호환성 부족, 도구와 지원의 부족 등이 있다. 종류로는 db4o, ObjectDB, ObjectStore 등이 있다.

03. 데이터베이스 시스템의 구성

1. 데이터베이스 사용자

데이터베이스 사용자(database user)는 데이터베이스 관리자, 데이터베이스 설계자, SQL 사용자, 응용 프로그래머, 일반 사용자 등으로 분류할 수 있다.

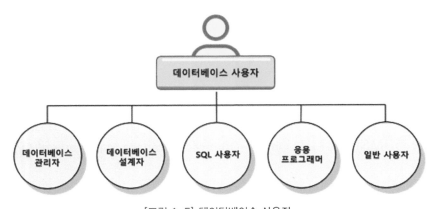

[그림 1-5] 데이터베이스 사용자

1) 데이터베이스 관리자

데이터베이스 관리자(DBA: DataBase Administrator)는 데이터베이스 시스템의 설계, 구현, 분석, 감독 등을 포함한 관리 작업과 운영 전반에 걸쳐 책임을 지는 역할을 수행한다. 데이터 접근 권한 설정,

무결성 제약 조건 정의, 보안 관리, 성능 모니터링, 스키마 정의 및 수정 등의 업무를 담당하며, 프로그래밍 능력뿐만 아니라 DBMS와 데이터 구조에 대한 깊은 이해가 요구된다.

2) 데이터베이스 설계자

데이터베이스 설계자는 사용자 요구 사항을 분석하여 데이터베이스에 저장될 데이터를 분류하고 선택한 후, 저장 구조를 설계하고 데이터베이스 뷰(view)를 개발하는 역할을 한다.

3) SQL 사용자

SQL 사용자는 주로 미개발된 응용 프로그램의 업무를 처리하기 위해 SQL을 활용하여 데이터 검색, 통계 처리, 데이터 모니터링 등을 수행하며, 이를 보고서 형태로 작성하여 보고하는 역할을 한다.

4) 응용 프로그래머

응용 프로그래머(Application programmer)는 데이터베이스 설계자가 정의한 설계 내용과 사용자 요구 사항을 토대로 일반 사용자가 활용할 수 있는 프로그램을 개발하는 역할을 담당한다. 이들은 데이터베이스 프로그래머라고도 불린다.

5) 일반 사용자

일반 사용자(end user)는 프로그래머가 개발한 프로그램을 이용하여 데이터베이스에 접근하여 데이터의 검색, 삽입, 수정, 삭제 등의 작업을 하는 사람이다.

데이터베이스 시스템(Database System)은 데이터베이스, 데이터베이스 관리 시스템(DBMS), 데이터
모델(data model) 등이 통합되어 구성된다.

데이터베이스는 특정 조직의 공동 작업을 지원하기 위해 하드디스크에 저장된 데이터를 의미하
며, DBMS는 이러한 데이터베이스를 관리하는 시스템이다. 대표적인 DBMS로는 MySQL, Oracle,
MS-SQL 등이 있다. 데이터 모델은 논리적으로 데이터가 저장되는 기법에 관한 내용이다. 아래 그
림은 데이터베이스 시스템의 구성도이다.

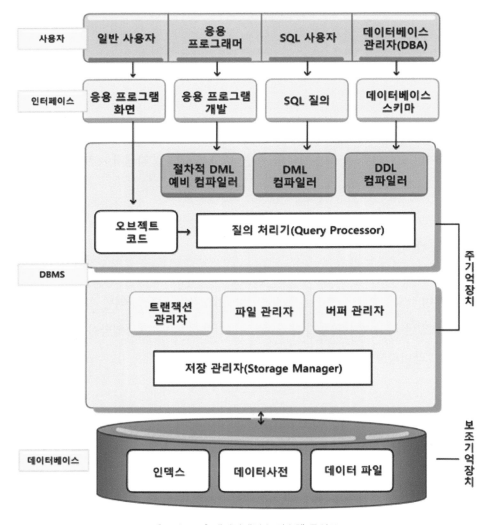

[그림 1-6] 데이터베이스 시스템 구성도

🖩 2.　데이터베이스 언어

　데이터베이스 시스템은 SQL(Structured Query Language)이라는 데이터베이스 전용 언어를 사용한다. 데이터 정의어(DDL: Data Definition Language), 데이터 조작어(DML: Data Manipulation Language), 데이터 제어어(DCL: Data Control Language)로 분류된다.

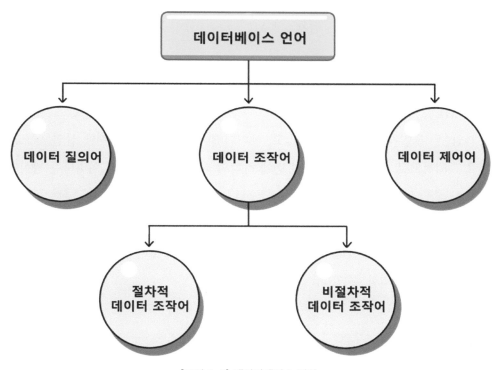

[그림 1-7] 데이터베이스 언어

1) 데이터 정의어(DDL, Data Definition Language)

　데이터 정의어는 데이터베이스 스키마를 컴퓨터가 이해할 수 있도록 표현하는 데 사용되며, 주로 DBA나 데이터베이스 설계자가 이를 활용한다. 기술된 내용은 DBMS에 의해 번역되어 데이터 사전

(data dictionary) 또는 시스템 카탈로그(system catalogue)에 저장되고, 이러한 저장된 정보는 메타데이터(metadata)라고 불린다. 데이터 정의어의 예로는 CREATE, ALTER, DROP 등이 있다.

2) 데이터 조작어(DML, Data Manipulation Language)

데이터 조작어는 데이터베이스 사용자와 DBMS 간의 상호작용을 가능하게 하며, 저장된 데이터를 검색·삽입·삭제·변경할 수 있도록 한다. 대표적인 명령어로는 SELECT, INSERT, DELETE, UPDATE가 있다. 데이터 조작어는 절차적 DML(procedural DML)과 비절차적 DML(non-procedural DML)로 나뉜다.

① 절차적 DML

절차적 DML은 독립적으로 사용되지 않고, 데이터베이스 응용 프로그램에 삽입(embedded)되어 처리 방법을 구체적으로 기술한다. 주로 한 번에 하나의 레코드를 검색하고 처리하는 방식이다.

② 비절차적 DML

비절차적 DML은 일반적인 질의어(query language)로, 현재 SQL이 가장 많이 사용된다. 한 번에 여러 레코드를 검색하고 처리할 수 있다.

3) 데이터 제어어(DCL, Data Control Language)

데이터 제어어는 데이터베이스 내의 데이터 관리를 목적으로 주로 DBA가 사용한다. 데이터의 보안성(security), 데이터의 무결성(integrity), 데이터 회복(recovery), 병행 수행(concurrency) 등의 역할을 한다. 종류로는 COMMIT, ROLLBACK, GRANT, REVOKE 등이 있다.

▦ 3. / 데이터베이스 관리 시스템

데이터베이스 관리 시스템은 사용자와 데이터베이스를 연결시켜 전체적으로 관리하는 핵심적인 역할을 수행한다. 크게 질의 처리기(Query processor)와 저장 관리자(Storage manager)로 분류한다.

1) 질의 처리기

질의 처리기는 데이터베이스 사용자의 요구를 받아 해석하는 역할을 한다.

① 비절차적 DML 컴파일러

비절차적 DML 컴파일러는 최종 사용자가 DBMS에서 제공하는 질의어를 사용하여 질의를 하면 DML 컴파일러는 DBMS가 이해할 수 있도록 번역한다.

② 절차적 DML 예비 컴파일러

절차적 DML 예비 컴파일러는 응용 프로그램에서 사용한 DML 문장들을 프로그래밍 언어의 프로시저로 변환한다.

③ DDL 인터프리터

DDL 인터프리터(DDL interpreter)는 DBA나 데이터베이스 설계자가 작성한 DDL을 해석하여 실행한다.

④ 질의 처리기

질의 처리기는 DML 컴파일러와 응용 프로그램에서 요청하는 질의를 실행하는 역할을 담당한다.

2) 저장 관리자

저장 관리자는 디스크에 저장되어 있는 데이터를 접근하고 관리하는 역할을 수행한다. 트랜잭션을 관리하는 트랜잭션 관리자, 파일을 관리하는 파일 관리자, 버퍼 관리자 등이 있다. 디스크에 저장된 데이터베이스는 인덱스, 데이터 사전, 데이터 파일 등을 저장하고 있다.

▦ 4.   데이터베이스 모델과 3단계 구조

데이터 모델은 데이터베이스 시스템에서 데이터를 저장하는 논리적 방식을 정의하며, 데이터가 어떻게 구조화되어 데이터베이스에 저장될지를 결정한다. 1960~70년대에는 DBMS 개념이 등장하여 시장에서 자리 잡기 시작했고, 1980년대에는 관계형 DBMS가 중심이 되어 널리 사용되었다. 주요 데이터 모델 유형으로는 계층형 데이터 모델, 네트워크형 데이터 모델, 관계형 데이터 모델, 객체 지향 데이터 모델, 객체 관계형 데이터 모델이 있으며, 현재 관계형 데이터 모델이 가장 많이 사용되고 있다.

1) 계층형 데이터 모델

계층형 데이터 모델(Hierarchical Data Model)은 데이터가 상하 종속적인 트리(Tree) 구조로 조직된 모델이다. 이 모델에서는 개체(Entity) 집합을 노드로 표현하고, 개체 집합 간의 관계를 링크로 연결하여 나타낸다.

1960년대 IBM의 IMS(Information Management System)가 대표적인 계층형 데이터 모델의 예이다. 계

층형 데이터 모델은 트리 구조의 특성상 사이클이 존재하지 않으며, 일대다(1:N) 관계만을 표현할
수 있다.

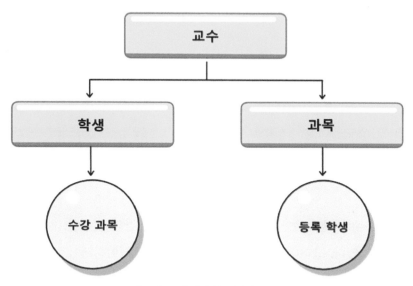

[그림 1-8] 계층형 데이터 모델

이 모델은 구조가 복잡하여 사용자가 데이터를 저장하거나 검색하려면 복잡한 그래프 또는 트
리 구조를 탐색해야 한다. 이로 인해 응용 프로그램 개발이 복잡하고 높은 기술 수준이 요구된다.
또한, 데이터베이스 구조가 변경되면 응용 프로그램도 함께 수정해야 하는 어려움이 있으며, 이로
인해 데이터 독립성(data independence) 문제가 발생할 수 있다.

2) 네트워크형 데이터 모델

네트워크형 데이터 모델(Network Data Model)은 CODASYL에서 제안한 모델로, 데이터베이스를 사
이클이 허용된 그래프 형태로 모델링한다. 1960년대 중반, 찰스 바크만(Charles Bachman) 박사가 GE
에서 개발한 IDS(Integrated Data Store)가 대표적인 예이다.

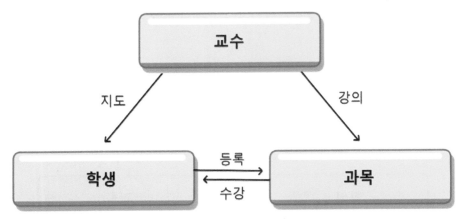

[그림 1-9] 네트워크형 데이터 모델

이 모델은 오너(Owner)와 멤버(Member) 관계를 통해 데이터 간의 일대일(1:1), 일대다(1:N), 다대다(N:N) 관계를 표현할 수 있다. 그러나 구조가 복잡하고, 계층형 데이터베이스 모델이 해결하지 못했던 데이터 종속성 문제를 여전히 해결하지 못했다.

3) 관계형 데이터 모델

관계형 데이터 모델(Relational Data Model)은 데이터베이스를 관계(Relation), 즉 표(Table)의 집합으로 모델링하는 구조이다. 이 모델은 계층형과 네트워크형 데이터 모델의 문제점인 데이터의 중복, 약한 데이터 무결성, 물리적 구현에 의해 의존 등의 문제를 해결하기 위해 1970년에 IBM 샌노세이 연구소의 E. F. Codd 박사에 의해 제안되었다. 관계형 데이터 모델은 테이블이라는 간단한 자료 구조와 다섯 가지 기본 연산만으로 데이터의 표현·저장·검색을 효율적으로 수행할 수 있음을 보여 주었다.

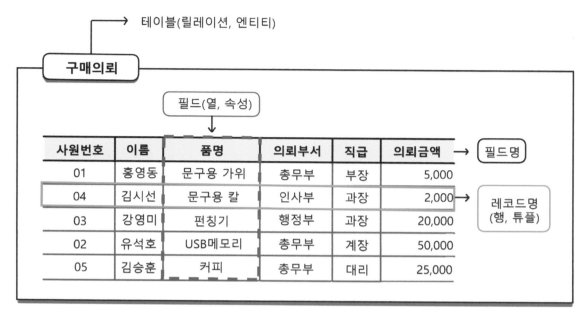

[그림 1-10] 관계형 데이터 모델

관계형 데이터 모델에서 데이터 간의 관계는 기본키(primary key)와 외래키(foreign key)로 표현하며 일대일(1:1), 일대다(1:N), 다대다(N:M) 관계를 표현할 수 있다.

관계형 데이터 모델의 종류로는 Oracle, DB2, MySQL, MS-SQL, Informaix 등의 DBMS가 있다.

4) 객체 지향 데이터 모델

객체 지향 데이터 모델(Object-Oriented Data Model)은 관계형 DBMS의 단순한 테이블 구조와 연산으로는 현대의 복잡한 응용 분야의 요구 사항을 충분히 지원하기 어려운 상황을 해결하기 위해 개발되었다. 객체 지향 프로그래밍 언어인 Smalltalk, C++의 개념을 데이터베이스 분야에 적용하여 데이터의 지속성(persistency)을 추가하였다. 객체 지향 데이터 모델은 객체, 클래스, 메소드, 상속 등 객체 지향 개념을 지원하며, 기능적으로는 관계형 DBMS의 조인 대신 객체 식별자(object identifier)를 사용하여 관련 정보를 빠르게 접근할 수 있는 장점을 제공한다.

5) 3단계 데이터베이스 구조

1975년, 미국의 국립표준화 기관인 ANSI(American National Standards Institute)는 사용자가 복잡한 데이터베이스 구조를 보다 쉽게 이해하고 활용할 수 있도록 데이터베이스를 3단계 관점으로 분리하였다.

데이터베이스 사용자 관점의 외부 단계(external level), 포괄적인 관점의 개념 단계(conceptual level), 물리적인 저장 장치 관점의 내부 단계(internal level)등의 3단계로 구성된다.

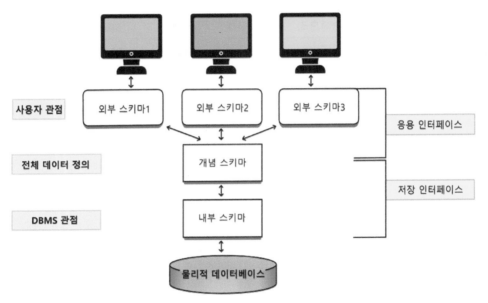

[그림 1-11] 3단계 데이터베이스 구조

(1) 외부 단계

최상위 단계인 외부 단계는 각각의 데이터베이스 사용자 관점 또는 사용자 뷰(user view)를 표현하는 단계이다. 여러 개의 외부 스키마가 있을 수 있으며 서브 스키마(sub schema)라고도 한다.

(2) 개념 단계

개념 단계는 데이터베이스에 저장되는 데이터와 데이터 간의 관계를 정의하며, 데이터베이스를 사용하는 모든 사용자에게 포괄적인 관점(community user view)을 제공한다. 하나의 데이터베이스에는 하나의 개념 스키마가 존재하며, 이는 DBA가 관리한다. 개념 스키마는 저장 장치와 독립적으로 기술되며, 제약 조건, 접근 권한, 보안 정책, 무결성 등의 내용을 포함한다.

(3) 내부 단계

3단계 데이터베이스 구조의 최하위 단계인 내부 단계는 물리적인 저장 장치에서 데이터가 실제로 저장되는 방법을 표현하는 단계이다. 인덱스, 데이터 압축(data compression), 데이터 항목에 대한 유형 및 크기의 정의, 암호화(encryption) 기법 등에 대한 정보를 제공한다. 내부 스키마 또는 물리 스키마(physical schema)로 물리 단계(physical layer)라고도 한다.

6) 데이터의 독립성

3단계 데이터베이스 구조의 핵심 특징은 데이터의 독립성(data independence)이다. 데이터 독립성의 기본 개념은 하위 단계의 구현 세부 사항을 추상화하여 상위 단계가 이를 인식하지 못하도록 하는 것이다. 이로 인해 하위 단계에서 스키마가 변경되더라도 상위 단계의 스키마에는 영향을 미치지 않고, 개념 스키마나 내부 스키마의 물리적 저장 방식은 독립적으로 변경할 수 있다. 데이터 독립성에는 두 가지 주요 유형이 있다

(1) 논리적 데이터 독립성

논리적 데이터 독립성(Logical data independence)은 개념 단계의 스키마가 변경되어도 외부 단계의 스키마에는 영향을 미치지 않도록 보장한다. 즉 데이터베이스의 논리적 구조가 변경되더라도 응용 프로그램은 영향을 받지 않는다.

(2) 물리적 데이터 독립성

물리적 데이터 독립성(Physical data independency)은 데이터베이스 저장 장치의 구조가 변경되어도 응용 프로그램이나 개념 스키마에는 영향을 미치지 않는 것이다.

연습문제

1. 데이터와 정보의 차이점을 설명하시오.

2. 데이터베이스의 특성을 설명하시오.

3. 저장된 데이터의 의미를 설명하고, 예를 들어 설명하시오.

4. 데이터베이스 관리 시스템의 특징을 설명하시오.

5. 데이터의 독립성 유지란 무엇인가 설명하시오.

6. 데이터베이스 언어를 분류하고 각 언어의 역할과 특성을 설명하시오.

7. 데이터베이스의 필요성을 실생활 사례를 들어 기술하시오.

8. 데이터 모델을 설명하고 종류를 설명하시오.

9. 3단계 데이터베이스 구조에 대해 설명하시오.

10. 물리적 데이터 독립성을 정의하고 데이터베이스 시스템에서 그 중요성을 설명하시오.

01. 관계형 데이터베이스 시스템의 구성

관계형 데이터베이스는 현재 가장 많이 사용되고 있는 데이터베이스로 개체(Entity)나 관계 (Relation)를 열(column)과 행(row)으로 이루어진 테이블(릴레이션)의 형태로 구성한다.

구성 요소로는 릴레이션, 속성, 도메인, 키 등으로 분류할 수 있다. 다음은 관계형 데이터베이스 와 파일 시스템에서 사용하는 용어를 정리한 표이다.

관계형 데이터베이스	파일 시스템	비고
릴레이션(Relation)	파일(file)	테이블
튜플(Tuple)	레코드(record)	행(row)
속성(attribute)	필드(field)	열(column)
릴레이션 차수(relation degree)		속성의 개수
카디널리티(cardinality)		튜플의 개수

[표 2-1] 관계형 데이터베이스와 파일 시스템

📊 1. 릴레이션(Relation)

릴레이션은 데이터를 2차원 표 형태로 표현하는 모델로 데이터 간의 관계를 보여 주기 위해 열과 행으로 구성된 테이블을 사용한다. 릴레이션은 다음 두 가지 요소로 구성된다.

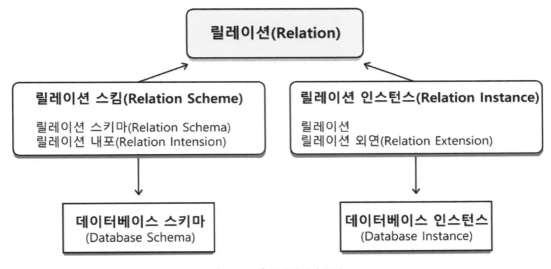

[그림 2-1] 릴레이션의 구성

[그림 2-2] 구매 의뢰 릴레이션

1) 릴레이션 스킴

릴레이션 스킴은 릴레이션 이름과 릴레이션을 구성하는 속성들의 집합으로 구성된다. 열(column) 이름, 각 열의 데이터 타입 등을 포함한다. 릴레이션 내포(relation intension)라고도 한다. 위 그림에서 릴레이션 스키마는 구매 의뢰={사원번호, 이름, 품명, 의뢰 부서, 직급, 의뢰 금액} 또는 구매 의뢰 (사원번호, 이름, 품명, 의뢰 부서, 직급, 의뢰 금액)로 표현한다.

2) 릴레이션 인스턴스

특정 시점에 테이블에 저장된 실제 데이터를 나타낸다. 이는 행(row) 또는 튜플(tuple)로 구성되며, 각 행은 테이블의 한 레코드를 의미한다. 릴레이션 또는 릴레이션 외연(relation extension)이라고도 한다. 릴레이션을 구성하는 튜플의 개수를 카디날리티(Cardinality, 기수)라고 한다.

3) 릴레이션의 특징

① 저장된 튜플들 간에 순서가 없다. (레코드의 무순서성)

투플들은 유일한 키를 가지고 있으나, 키에 의하여 저장되는 것이 아니라 튜플을 삽입하는 순서에 따라 저장된다. 그러므로 저장된 튜플들 간에는 순서가 없다.

② 중복된 튜플이 존재하지 않는다. (레코드의 유일성)

하나의 릴레이션에는 중복된 튜플이 존재할 수 없다. 각 튜플은 기본키(primary key)를 통해 고유하게 식별되며, 이로 인해 모든 튜플은 유일한(unique) 특성을 갖는다.

③ 속성들 간에는 순서가 없다. (속성의 무순서성)

릴레이션 스키마는 릴레이션을 구성하는 속성들을 정의하는 하는 것이므로 속성들의 순서는 정의하는 것이 아니다. 예를 들어, 구매 의뢰(사원번호, 이름, 품명, 의뢰 부서, 직급, 의뢰 금액)와 구매 의뢰(사원번호, 이름, 품명, 직급, 의뢰 금액, 의뢰 부서)는 동일한 릴레이션 스키마로 간주된다.

④ 모든 속성 값은 원자 값(automic value)이다. (칼럼 값의 원자성)

릴레이션의 각 속성 값은 더 이상 분해할 수 없는 원자 값이어야 한다. 즉 속성 값은 단일 값으로만 존재해야 하며, 다중 값을 지원하지 않는다.

다음 그림은 다중 값을 갖는 릴레이션을 원자 값만을 갖도록 재구성한다.

릴레이션은 모델링 단계에서 사용하는 용어이며, 실제 데이터베이스를 구축한 후에는 이를 테이블이라고 한다.

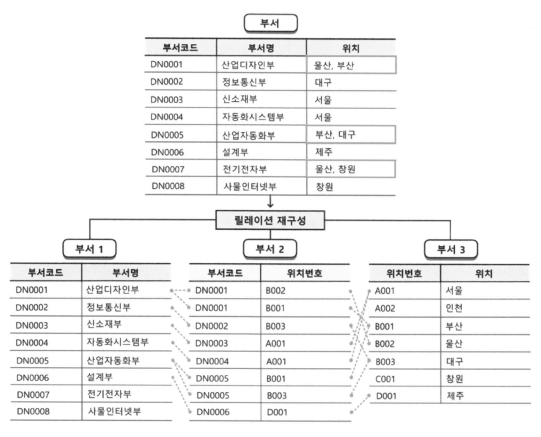

[그림 2-3] 릴레이션의 속성 – 원자 값

📑 2.   속성(Attribute)

속성(Attribute)이란 이름을 가진 정보의 가장 작은 논리적인 단위이다. 릴레이션의 열(column)이며, 파일 시스템의 필드(field)에 해당한다. 릴레이션을 구성하는 속성의 개수를 차수(Degree)라고 한다.

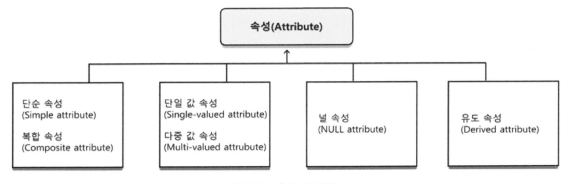

[그림 2-4] 속성의 분류

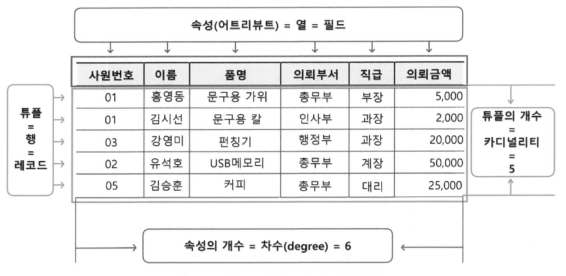

[그림 2-5] 속성과 차수/튜플과 카디날리티

1) 단순 속성(Simple attribute)

단순 속성은 속성 값이 더 이상 다른 단위의 값으로 분리되지 않는 것으로 사원 릴레이션의 사원번호, 주민번호와 같이 하나의 의미만을 포함하는 단일 값으로 구성된다.

2) 복합 속성(Composite attribute)

복합 속성은 속성 값이 여러 의미를 포함하는 것이다.

예를 들어, 사원 릴레이션의 입사일 속성은 년, 월, 일의 의미를 지니는 복합 속성이다. 이는 하나의 속성으로 구성하는 것보다 여러 속성으로 분리하여 유용성을 높이기 위해 사용된다. 입사일 속성을 년, 월, 일로 분리하여 저장함으로써 특정 년도에 입사한 사원을 검색할 수 있다.

3) 단일 값 속성(Single-valued attribute)

단일 값 속성은 속성 값이 원자 값인 것으로, 하나의 값만 존재한다. 예를 들면, 사원 릴레이션의 사원번호 속성은 속성 값이 하나만 존재하는 단일 값으로 구성된다.

4) 널 속성(Null attribute)

널 속성은 속성 값이 널 값인 경우를 의미한다. 널 값(Null values)은 아직 알려지지 않은 값(unknown values)이나 해당 없음(inapplicable) 등을 의미하는 특수 용도의 데이터 값이다. 널 값은 공백(blank)이나 영(zero)과는 다른 개념의 값이다.

예를 들면, 신입 사원을 어느 부서에 배치할지 결정이 되지 않아 비워 두는 경우이다.

5) 유도 속성(Derived attribute)

유도 속성은 기존 릴레이션의 속성 값을 바탕으로 새롭게 계산된 속성이다. 즉 기존 릴레이션에는 저장되어 있지 않은 속성으로, 계산에 의해 생성된다. 예를 들어, 입사일 속성을 사용하여 현재 날짜를 기준으로 근무 연수를 계산할 수 있다. 이 경우 입사일은 기본 속성(base attribute) 또는 저장 속성(stored attribute)이라고 한다.

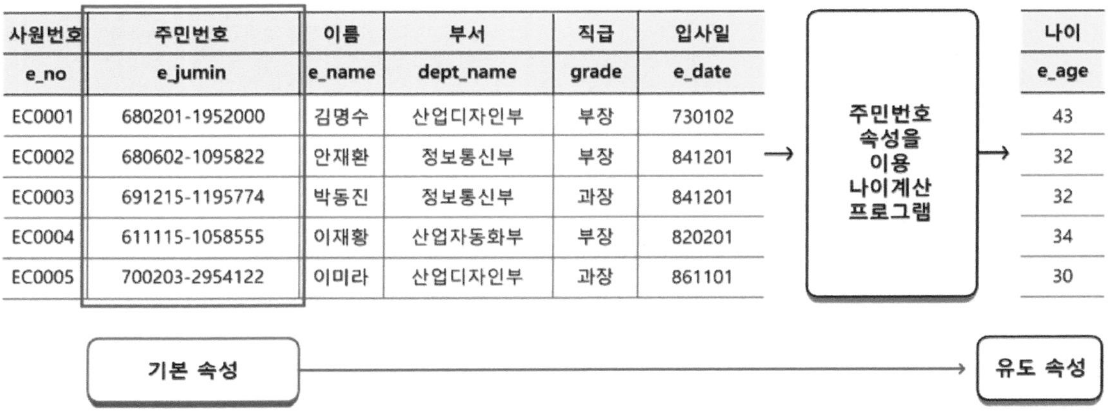

사원번호	주민번호	이름	부서	직급	입사일		나이
e_no	e_jumin	e_name	dept_name	grade	e_date		e_age
EC0001	680201-1952000	김명수	산업디자인부	부장	730102	주민번호 속성을 이용 나이계산 프로그램	43
EC0002	680602-1095822	안재환	정보통신부	부장	841201		32
EC0003	691215-1195774	박동진	정보통신부	과장	841201		32
EC0004	611115-1058555	이재황	산업자동화부	부장	820201		34
EC0005	700203-2954122	이미라	산업디자인부	과장	861101		30

기본 속성 → 유도 속성

[그림 2-6] 유도 속성의 개념

3. 도메인(Domain)

도메인(Domain)은 특정 속성이 가질 수 있는 개별 값들의 집합을 의미한다. 속성이 취할 수 있는 데이터 값들은 데이터 유형(data type)에 의해 정의되기 때문에 도메인은 해당 데이터 유형을 만족하는 개별 값들의 모임이라고 할 수 있다.

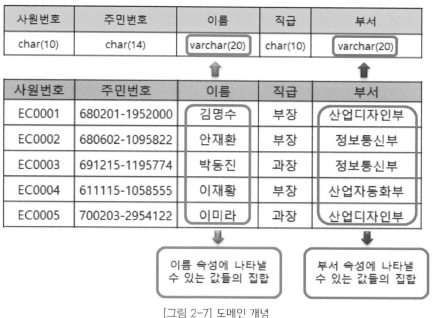

[그림 2-7] 도메인 개념

📊 4.   키(Key)

키(Key)는 릴레이션의 튜플을 유일하게(Uniqueness) 식별할 수 있는 속성의 집합을 말한다.

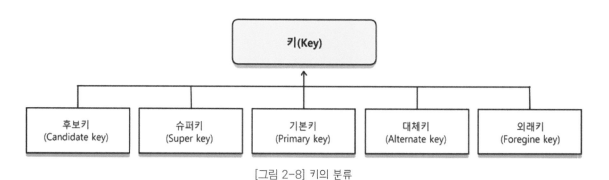

[그림 2-8] 키의 분류

1) 키(key)의 주요 특징

① **유일성**(Uniqueness) : 키는 각 레코드(행)를 고유하게 식별할 수 있어야 한다. 즉 동일한 키 값을 가진 두 개의 레코드는 존재하지 않는다.

② **불변성**(Immutability) : 한 번 설정된 키 값은 변경되지 않는다. 키 값이 바뀌면 데이터의 식별이 어렵게 되기 때문에 키 값은 항상 일정하게 유지되어야 한다.

③ **최소성**(Minimality) : 키는 속성의 최소 집합이어야 한다. 즉 키는 중복되지 않도록 최소한의 속성들로 구성되어야 하며, 이를 초과하는 속성은 포함하지 않는다.

키는 레코드를 고유하게 식별하고, NULL 값을 가질 수 없으며, 변경되지 않고, 최소한의 속성들로 구성되어야 한다.

2) 키(key)의 종류

① **후보키**(Candidate Key)

후보키는 키의 특성인 유일성과 최소성을 만족하는 키를 의미한다. 예를 들어, 사원 테이블에서 사원번호와 주민번호는 후보키가 될 수 있다.

② **슈퍼키**(Super Key)

슈퍼키는 유일성은 있지만 최소성을 갖추지 않은 키를 의미한다. 즉, 각 튜플을 구분할 수 있는 모든 키를 말한다. 예를 들어, 사원번호, {사원번호, 이름}, {사원번호, 이름, 주소}, {사원번호, 이름, 주소, 주민번호}, {사원번호, 이름, 주소, 주민번호, 직급} 등은 모두 슈퍼키가 될 수 있다.

③ 기본키(Primary key)

기본키는 후보키 가운데 튜플을 식별하는데 기준으로 사용하는 키를 말한다. Null 값을 가질 수 없으며, 중복값을 허용하지 않는다. 일반적으로 기본키는 변경이 불가능하다.

④ 대체키(Alternate key)

대체키는 여러 개의 후보키 중에서 기본키로 선정되고 남은 나머지 키를 말한다. 보조키라고도 한다.

⑤ 외래키(Foreign Key)

외래키는 한 테이블이 다른 테이블의 기본키를 참조하는 속성이다.

외래키 열의 값이 항상 참조되는 테이블의 기본키 열에 존재해야 함을 의미한다. 참조 무결성(Referential Integrity)을 유지하는 데 중요한 역할을 한다.

사원(EMPLOYEE)

사원번호 e_no	주민번호 e_jumin	이름 e_name	직급 grade	부서코드 dept_no
EC0001	680201-1952000	김명수	부장	DN0001
EC0002	680602-1095822	안재환	부장	DN0002
EC0003	691215-1195774	박동진	과장	DN0002
EC0004	611115-1058555	이재황	부장	DN0005
EC0005	700203-2954122	이미라	과장	DN0001

부서(DEPARTMENT)

부서코드 dept_no	부서명 dept_name	부서장 head	전화 dept_tel	위치 location
DN0001	산업디자인부	김명수	456-8963	D001
DN0002	정보통신부	안재환	290-1590	A002
DN0003	신소재부	신기정	536-8963	A003
DN0004	자동화시스템부	고근희	523-8963	B002
DN0006	산업자동화부	이재황	258-7963	B003

[그림 2-9] 외래키

연습문제

다음 용어를 설명하시오.

1. 릴레이션

2. 스키마

3. 속성

4. 릴레이션 인스턴스

5. 널 속성

6. 디그리와 카디날리티

7. 도메인

8. 튜플

9. 기본 키

10 외래 키

PART 2

SQL 기초

□ □ □ □   □ □ □ □ □ □ □

chapter 3. MySQL 소개

chapter 4. SQL 기본 문법

MySQL™

chapter 3 MySQL 소개

01. MySQL 역사

SQL(Structured Query Language)은 데이터를 저장하고 조회하기 위해 사용하는 관계형 DBMS의 표준 언어이다. 사용자는 SQL을 통해 데이터베이스 시스템과 상호작용한다.

SQL을 사용하면 데이터베이스에서 데이터를 검색하고 입력·삭제·수정 등의 작업을 수행할 수 있다. 데이터베이스 시스템은 사용자의 요청을 처리하여 데이터베이스에서 필요한 작업을 수행한 후 결과를 반환한다.

일반적으로 SQL문을 쿼리(Query) 또는 쿼리문이라고 부른다.

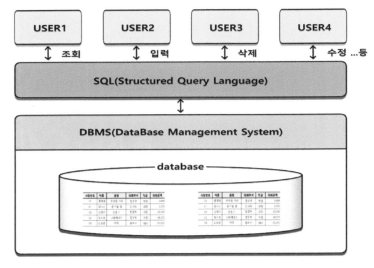

[그림 3-1] SQL문

SQL은 1974년 IBM연구소에서 Codd 박사의 관계형 데이터 모델을 사용하기 위해 개발한 SEQUEL(Structured English QUEry Language)이 시초가 되었다.

SQL은 표준화된 언어이지만, 모든 데이터베이스 관리 시스템(DBMS) 제품이 동일한 구문과 기능을 제공하지는 않는다. 이에 각각의 회사들은 ANSI-92/99 SQL 표준을 기반으로 하면서도 자체적인 확장이나 변형을 추가하여 제품 특성에 맞게 SQL을 제공하고 있다.

예를 들어, 오라클은 PL/SQL(Procedural Language/SQL)이라는 이름의 확장된 SQL을 사용하며, MySQL은 표준 SQL을 사용한다. SQL Server는 Transact-SQL(T-SQL)이라는 이름의 SQL 확장 언어를 제공한다.

각 제품의 SQL 변형은 해당 DBMS의 고유 기능과 특성을 지원하기 위해 추가되었으며, 이는 특정 DBMS에서 더 나은 성능이나 유연성을 제공하는 데 중요한 역할을 한다.

SQL 질의어는 크게 데이터 정의어(DDL : Data Definition Language), 데이터 조작어(DML : Data Manipulation Language), 데이터 제어어(DCL : Data Control Language) 등으로 구성된다.

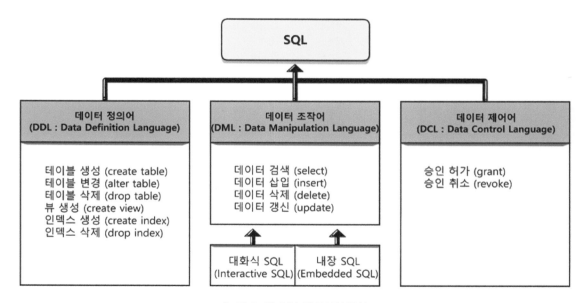

[그림 3-2] SQL 질의어의 구성

02. MySQL 설치

MySQL Community 8.0을 설치하려면 윈도우즈 운영 체제 64bit Windows 10(또는 11)이 설치되어 있어야 한다. 프로그램 설치 전에 컴퓨터의 사양 및 운영 체제를 확인한다.

① 시작 → 우클릭 → 시스템을 클릭하여 확인한다.

장치 사양

장치 이름	USER
프로세서	Intel(R) Core(TM) i7-8700 CPU @ 3.20GHz 3.20 GHz
설치된 RAM	8.00GB
장치 ID	862E8844-1489-492D-BBD6-C8EAEC263DBE
제품 ID	00330-51895-64534-AAOEM
시스템 종류	64비트 운영 체제, x64 기반 프로세서
펜 및 터치	이 디스플레이에 사용할 수 있는 펜 또는 터치식 입력이 없습니다.

복사

이 PC의 이름 바꾸기

Windows 사양

에디션	Windows 10 Pro
버전	22H2
설치 날짜	2021-04-14
OS 빌드	19045.4046
경험	Windows Feature Experience Pack 1000.19053.1000.0

② MySQL 다운로드 및 설치하기

https://dev.mysql.com/downloads/windows/installer/8.0.html

MySQL Community 8.0.32 버전으로 다운로드한다.

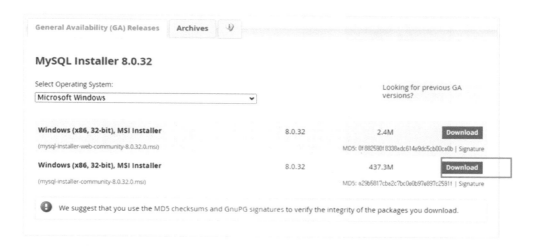

③ 로그인하지 않아도 파일을 다운로드할 수 있게 좌측 하단의 [No thanks, just start my download.]를 클릭해서 다운로드한다.

④ [내 PC] − [다운로드] 폴더에서 다운로드한 파일 mysql−installer−community−8.0.32.0.msi
실행한다.

⑤ License Agreement 창에서 [I accept the license terms]를 체크하고 [Next] 버튼을 클릭한다.

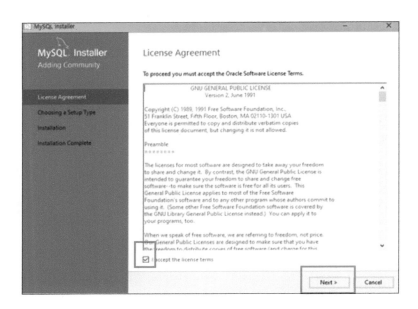

⑥ [Choosing a Setup Type]에서는 설치 유형을 선택할 수 있는데, 필요한 것들만 골라서 설치
하기 위해 'Custom'을 선택하고 [Next] 버튼을 클릭한다.

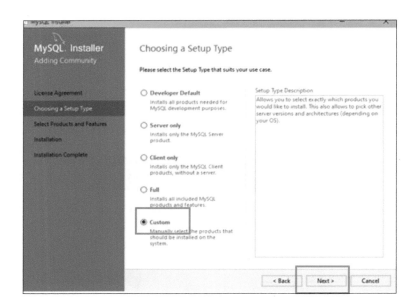

⑦ [Select Products]에서 설치할 제품들을 선택할 수 있다. 우선 [Available Products:]에서 [MySQL Servers] – [MySQL Server] – [MySQL Server 8.0] – [MySQL Server 8.0.32-X64]를 선택하고 ⇨ 버튼을 클릭한다.

⑧ 같은 방식으로 다음 2개를 추가한다.

[Applications] – [MySQL Workbench] – [MySQL Workbench 8.0] – [MySQL Workbench 8.0.32 – X64] 추가

[Documentation] – [Samples and Examples] – [Samples and Examples 8.0] – [Samples and Examples 8.0.32-X86] 추가

다음 그림과 같이 총 3개가 추가되었으면 [Next] 버튼을 클릭한다.

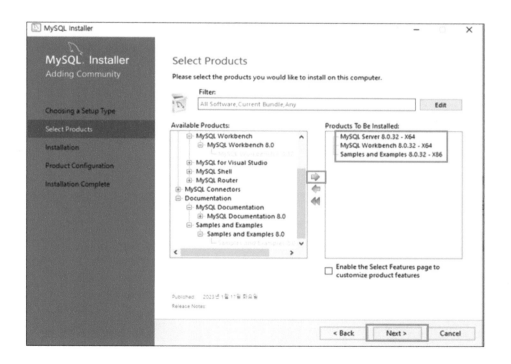

※ 만약 Check Requirements 창이 나타나면 [Execute] 버튼을 클릭해서 필요한 부분의 설치를 진행하면 된다. Microsoft Visual C++ 2015 Redistributable을 설치하는 부분인데, 윈도우즈에서 이미 [Windows 업데이트]를 수행했다면 이 부분은 생략될 수 있다.

⑨ 3개 항목을 확인하고 [Execute] 클릭한다.

　설치가 완료되는 'Complete'로 변경된다.

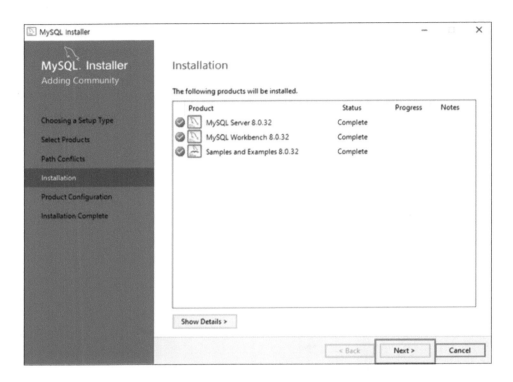

⑩ [Product Configuration]에 2개 항목의 추가 환경 설정 후 [Next] 버튼을 클릭한다.

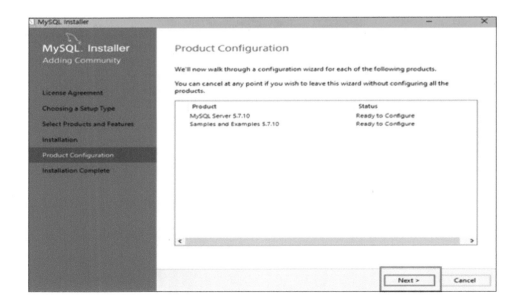

⑪ [High Availability]에서는 기본값인 'Standalone MySQL Server / Classic MySQL Replication' 이 선택된 상태에서 [Next] 버튼을 클릭한다.

⑫ [Type and Networking]에서 아래와 같이 체크하고 [Next] 버튼을 클릭한다.

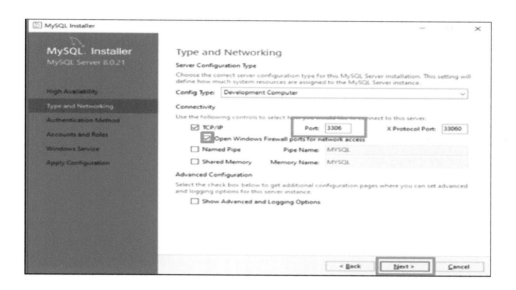

⑬ [Authentication Method]에서 'Use Legacy Authentication Method'를 선택하고 [Next] 버튼을 클릭한다.

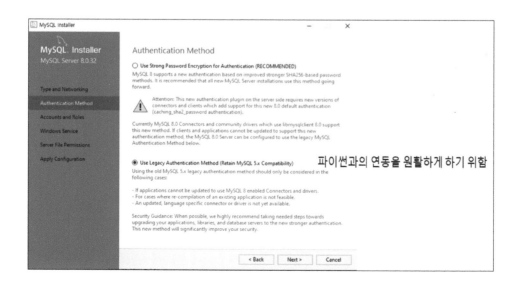

⑭ [Accounts and Roles]에서 MySQL 관리자(Root)의 비밀번호를 설정해야 한다. 실습을 위해서 간단하게 '1234'으로 지정한다. [Next] 버튼을 클릭한다.

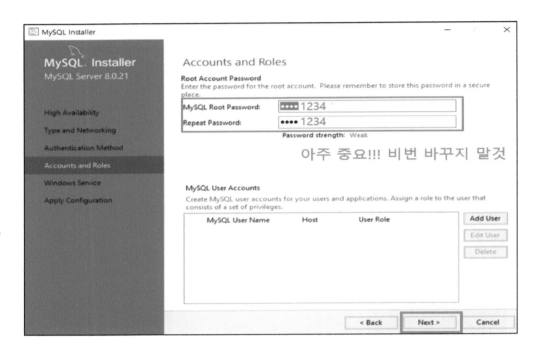

⑮ [Windows Service]에서 MySQL 서버를 윈도우즈의 서비스로 등록하기 위해 [Windows Service Name]은 많이 사용하는 'MySQL'로 변경한다. 나머지는 그대로 두고 [Next] 버튼을 클릭한다.

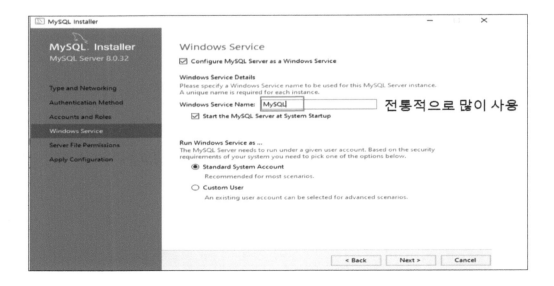

⑯ [Next] 클릭한다.

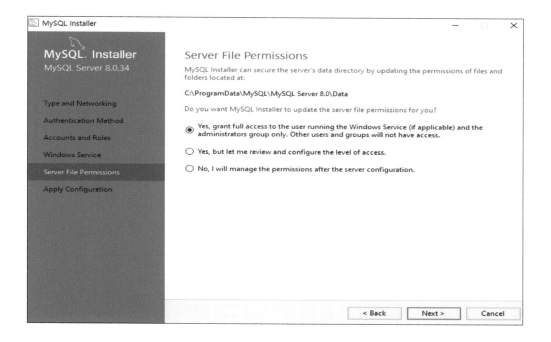

⑰ [Apply Configuration]에서 설정된 내용을 적용하기 위해 [Execute] 버튼을 클릭한다. 각 항
목에 모두 초록색 체크가 표시되면 [MySQL Server]에 대한 설정이 완료된 것이다. [Finish]
버튼을 클릭해서 설정을 종료한다.

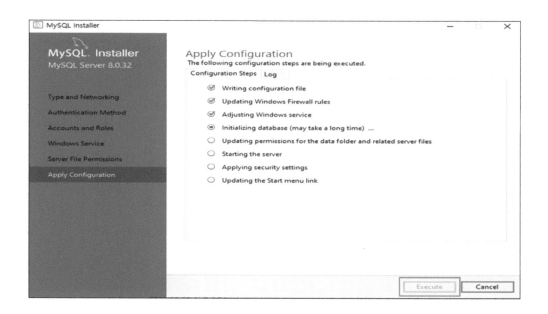

⑱ 또 다시 [Product Configuration]이 나타난다. MySQL Server 8.0.32은 설정이 완료되었으며, 두 번째 Samples and Examples 8.0.32의 설정에서 [Next] 버튼을 클릭한다.

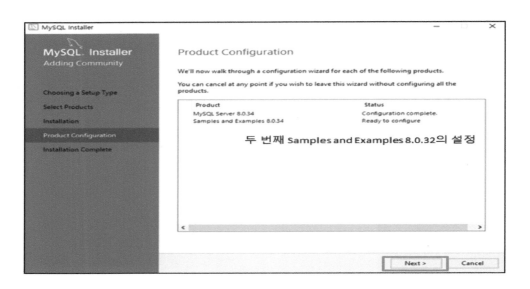

⑲ [Connect To Server]에 연결할 서버가 보이고 [User name(사용자 이름)]에 'root'가 입력되어 있다. [Password(비밀번호)]를 앞에서 설정한 '1234'로 입력하고 [Check] 버튼을 클릭하면 [Status]가 'Connection succeeded'로 변경된다. 연결이 성공되었으니 [Next] 버튼을 클릭한다.

⑳ [Apply Configuration]에서 [Execute] 버튼을 클릭하면 설정된 내용이 적용된다. 모든 항목
앞에 초록색 체크가 표시되면 된다. Samples and Examples에 대한 설정이 완료되었으니
[Finish] 버튼 클릭해서 설정을 종료한다.

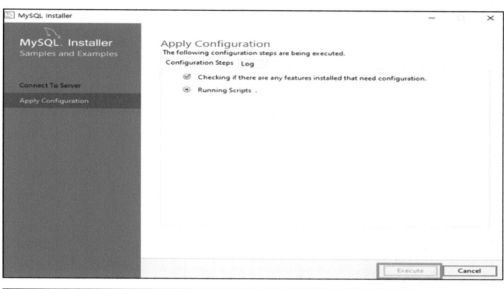

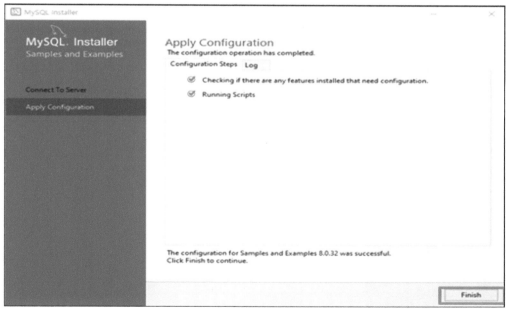

㉑ 다시 [Product Configuration]이 나온다. [Status]에서 완료된 것을 확인한다. [Next] 버튼을
클릭한다.

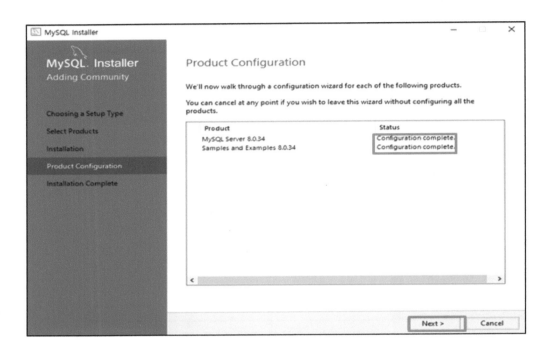

㉒ [Installation Complete]에서 [Start MySQL Workbench after Setup]을 체크 해제하고
[Finish] 버튼을 클릭한다. MySQL의 설치가 끝났다.

㉓ MySQL 설치 확인한다.

윈도우즈의 [시작] 버튼을 클릭하고 [MySQL] – [MySQL Workbench 8.0 CE] 선택한다.

㉔ MySQL Workbench(워크벤치) 창의 좌측 하단에서 [MySQL Connections]의 'Local instance MySQL'을 클릭한다.

㉕ Connect to MySQL Server 창이 나타난다. [Password] 란에 MySQL을 설치할 때 지정한 '1234'을 입력하고 [OK] 버튼을 클릭한다.

㉖ MySQL Workbench가 MySQL 서버에 접속된 초기 화면

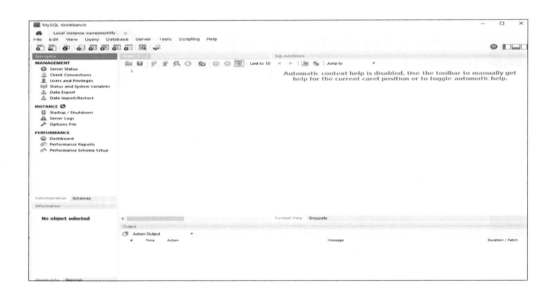

㉗ test 문장으로 "SHOW DATABASES" 입력 후 실행 버튼을 클릭한다.

'SHOW DATABASES' 명령은 MySQL 서버에 저장되어 있는 데이터베이스들을 보여 준다.
여기서는 기본적으로 저장되어 있는 데이터베이스의 목록들을 확인할 수 있다.

㉘ MySQL Workbench 설정

[Edit] → [Preferences]

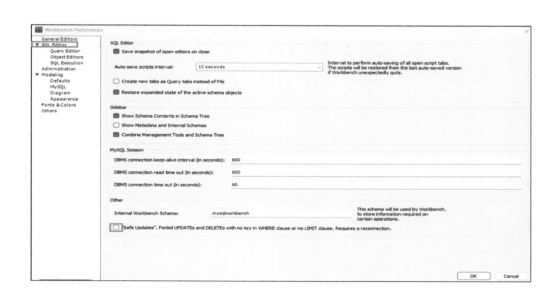

연습문제

1. SQL의 의미를 설명하시오.

2. SQL의 역사를 정리하여 설명하시오.

3. SQL의 구성 3가지를 설명하시오.

chapter 4 SQL 기본 문법

01. 데이터 정의 언어(DDL)

데이터베이스는 데이터를 저장하는 시스템을 의미하며, 이는 단일 테이블이 아닌 서로 관련된 여러 테이블의 집합체이다. 즉 여러 개의 관련된 테이블이 모여 하나의 데이터베이스를 구성한다.

데이터 정의 언어(DDL, Data Definition Language)는 데이터베이스의 구조를 정의하는 데 사용된다. 데이터베이스 내의 객체를 생성 및 삭제하고 그 구조를 조작하는 SQL 명령어의 집합이다. 대표적인 데이터 정의 기능에는 생성(create), 변경(alter), 삭제(drop)가 있다.

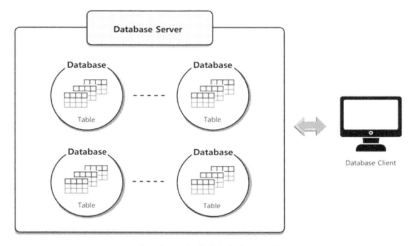

[그림 4-1] 데이터베이스 범위

📇 1. 데이터베이스 생성, 삭제, 열람, 선택

1) 데이터베이스 생성

SQL 질의어에서 데이터베이스를 생성하는 명령어의 형식은 다음과 같다.

```
CREATE DATABASE 데이터베이스명;
```

① **'project'란 이름의 데이터베이스를 생성한다.**

```
CREATE DATABASE project;
```

② **생성된 데이터베이스를 확인한다.**

```
SHOW DATABASES;
```

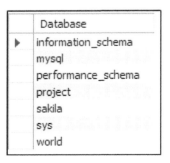

생성된 project 데이터베이스와 현재 시스템에 있는 모든 데이터베이스를 보여 준다.

※ 한글이 깨어져 나올 때는 아래와 같이 인코딩 설정을 지정할 수 있다.

```
CREATE DATABASE 데이터베이스명 CHARACTER SET utf8
                        COLLATE utf8_general_ci;
```

2) 데이터베이스의 선택

SQL 질의어에서 데이터베이스를 선택하는 명령어의 형식은 다음과 같다.

```
USE 데이터베이스명;
```

① 데이터베이스 'project'를 선택한다.

```
USE project;
```

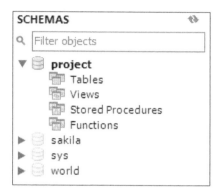

여러 데이터베이스 중에서 작업하고자 하는 'project' 데이터베이스를 선택한다.

워크벤치의 왼쪽 [Navigator]의 [SCHEMAS]에서 'project'가 굵게 강조되어 있는 것을 확인한다.

3) 데이터베이스의 열람

SQL 질의어에서 데이터베이스를 열람하는 명령어의 형식은 다음과 같다.

```
SHOW DATABASES;
```

```
SHOW databases;
```

Database
▶ information_schema
mysql
performance_schema
project
sakila
sys
world

현재 시스템에 있는 모든 데이터베이스를 보여 준다.

4) 데이터베이스 삭제

SQL 질의어에서 데이터베이스를 삭제하는 명령어의 형식은 다음과 같다.

```
DROP DATABASE 데이터베이스명;
```

① 데이터베이스 project를 삭제한다.

```
DROP DATABASE project;
SHOW DATABASES;
```

Database
▶ information_schema
mysql
performance_schema
sakila
sys
world

위의 실습에서 'project' 데이터베이스를 삭제해서 보이지 않는다.

📊 2. 테이블 생성(CREATE TABLE)

테이블은 일정한 형식에 의해서 생성된다. 테이블 생성을 위해서는 해당 테이블에 입력될 데이터를 정의하고, 정의한 데이터의 유형을 선언해야 한다.

```
CREATE TABLE 테이블명 (
  칼럼명1 데이터 유형 [ DEFAULT 형식 ],
  칼럼명2 데이터 유형 [ DEFAULT 형식 ],
  칼럼명3 데이터 유형 [ DEFAULT 형식 ]
 );
```

테이블 생성 시에 주의해야 할 몇 가지 사항이다.
① 테이블 명이나 칼럼 명을 지정할 때는 의미 있는 이름을 사용한다.
② 테이블 명은 다른 테이블의 이름과 중복되지 않아야 한다.
③ 한 테이블에서 칼럼 명이 중복되지 않아야 한다.
④ 테이블 명과 칼럼 명은 반드시 문자로 시작해야 하고, 공백은 사용할 수 없으며, A부터 Z의 영문자, 숫자 0부터 9, 그리고 특수문자로는 $, #, _를 사용할 수 있다.
⑤ 칼럼은 30자를 초과할 수 없고, 예약어를 사용할 수 없다.
⑥ 각 칼럼은 콤마(,)로 구분되고, 테이블 생성문의 끝은 항상 세미콜론(;)으로 끝난다.

1) 데이터 유형

데이터의 유형은 데이터베이스에서 사용되는 값의 종류를 정의하는 데 중요한 역할을 한다. 각 데이터 유형은 데이터가 저장되는 방식과 연산이 가능한 범위를 결정하며, 데이터베이스 시스템마다 지원하는 유형과 세부적인 속성이 조금씩 다를 수 있다. 주요 데이터 유형은 다음과 같다.

구분	유형	의미	비고
문자열 (String)	char(n)	길이(n)만큼의 고정 길이 문자열, n=1~255 byte	오른쪽으로 공백 채워져 저장되고 출력 시 공백은 출력 안 됨
	varchar(n)	길이(n)만큼의 가변 길이 문자열, n=1~65,535 byte	문자열 공백이 제거된 후 저장
정수형 (Integer)	bigint	정수형 데이터(8 byte), 큰 범위의 정수, $-2^{63} \sim 2^{63}-1$	[UNSIGNED]: 정수형 (0~18,446,744,073,709,551,615)
	int	정수형 데이터(4 byte), 일반적인 정수, $-2^{31} \sim 2^{31}-1$	[UNSIGNED]: 정수형 (0~4,294,967,295), integer와 동일
	smallint	작은 정수값(2 byte), $-2^{15}(-32,768) \sim 2^{15}-1(32,767)$	[UNSIGNED]: 정수형(0~65,535)
	tinyint	smallint보다 작은 정수값(1 byte), $-2^7(-128) \sim 2^7-1(127)$	[UNSIGNED]: 정수형(0~255)
부동 소수점 (Floating Point)	real	단정도 부동 소수점 실수, $n=1 \sim 2^4$(8 byte)	소수점 이하 15자리까지 표현
	double	배정도 부동 소수점 실수, n=25~53(8 byte)	소수점 이하 15자리까지 표현
	float(n)	길이(n)만큼의 부동 소수점 실수, n=1~24(4byte), n=25~53(8byte)	4byte: 단정도 부동 소수점 실수 8byte: 배정도 부동 소수점 실수
날짜	date	년, 월, 일을 포함하는 날짜 유형	기본 타입: YYYY-MM-DD
시간	time	시, 분, 초를 포함하는 시간 유형	기본 타입: HH:MM:SS
기타	blob/ text	이진 데이터 저장, 대용량 문자열 저장, 텍스트로 저장, 긴 문자열 저장, n=1~65,536	blob: 검색 시 대소문자를 구별함 text: 검색 시 대소문자 구별 안함

[표 4-1] 데이터 유형(Data Type)

2) 제약 조건

제약 조건(Constraints)은 데이터의 무결성(integrity)을 유지하기 위해 설정하는 규칙이나 조건이다. 이 조건들은 데이터의 유효성을 보장하고, 데이터베이스의 일관성을 유지하는 데 중요한 역할을 한다. 주요 제약 조건의 정의와 종류는 다음과 같다.

구분	설명
PRIMARY KEY (기본키)	행을 식별할 수 있는 유일한 값으로 데이터의 중복을 금지한다. NULL 값을 금지한다.
UNIQUE KEY (고유키)	특정 열 또는 열의 조합에 대해 중복된 값을 허용하지 않는 조건. NULL 값을 허용한다.
NOT NULL	NULL 값을 금지한다. 해당 열에는 반드시 값이 존재해야 한다.
CHECK (조건문)	미리 조건식을 준비하고 그에 맞지 않는 데이터를 금지한다.
FOREIGN KEY (외래키)	참조되는 테이블의 칼럼의 값이 존재하면 허용한다.

[표 4-2] 제약 조건의 종류

① NULL 의미

NULL은 공백이나 숫자 0과는 전혀 다른 값이며, 공집합과도 다르다.

NULL은 '아직 정의되지 않은 미지의 값'이거나 '현재 데이터를 입력하지 못하는 경수'를 말한다. 예를 들면, 신입사원에 대해 아직 부서를 배정하지 못했을 경우 당분간 NULL 상태로 비워 둘 수 있다.

```
dept_no SMALLINT NOT NULL
```

② DEFAULT의 의미

데이터 입력 시에 칼럼의 값이 지정되어 있지 않을 경우 기본값(default)으로 지정한 것을 자동적으로 저장한다. 데이터 입력 시 명시된 값을 지정하지 않은 경우에 NULL 값이 입력되고, DEFAULT 값을 정의하면 해당 칼럼에 사전에 정의된 기본 값이 자동으로 입력된다.

```
grade CHAR(6) DEFAULT '미결정'
```

③ PRIMARY KEY

테이블 내의 행들은 다른 행과 구분될 수 있도록 반드시 식별 기능을 가진 유일하면서도 NULL 값을 허용하지 말아야 한다. 즉 기본키(PRIMARY KEY)는 UNIQUE 제약 조건과 NOT NULL의 제약 조건을 모두 가진 것이다.

```
PRIMARY KEY (e_jumin);
```

④ FOREIGN KEY

외래키(FOREIGN KEY)는 참조 무결성을 위한 제약 조건이다.

참조 무결성은 테이블 사이의 관계에서 발생하는 개념으로 일반적으로 주종 관계가 있는 두 테이블에서 주가 되는 테이블의 기본키(PRIMARY KEY)나 고유키(UNIQUE KEY)를 참조한다.

```
FOREIGN KEY(dept_no) REFERENCE DEPARTMENT(dept_no)
```

⑤ CHECK

CHECK 제약 조건은 입력 시에 특정 칼럼이 지켜야 할 조건(데이터 값의 범위, 특정 패턴의 숫자나 문자 값)을 지정할 수 있다. 설정된 값 이외의 값이 들어오면 오류 메시지와 함께 명령이 수행되지 못하게 한다.

```
CHECK(age < 30);
```

3) 무결성 제약 조건

무결성 제약 조건(Integrity Constraints)은 데이터베이스에서 데이터의 정확성과 일관성을 유지하기 위해 설정하는 규칙이다. 이 제약 조건들은 데이터베이스에 저장된 데이터가 의도한 대로 유지되도록 보장하며, 오류나 부정확한 데이터가 발생하는 것을 방지한다.

관계형 데이터베이스 모델에서 정의한 기본적인 제약 사항은 개체 무결성 제약(entity integrity constraints)과 참조 무결성 제약(referential integrity constraints)이 있다.

(1) 개체 무결성 제약 조건(entity integrity)

개체 무결성이란 릴레이션의 기본키 속성 중 널(Null) 값이나 중복된 값을 가질 수 없다는 것이다.

① 중복된 값 입력

```
INSERT INTO department
    VALUES('DN0001','화학공정과','구본길','855-4589','B005');
```

dept_no	dept_name	head	dept_tel	location
DN0001	산업디자인부	김명수	456-8963	D001
DN0002	정보통신부	안재환	290-1590	A002
DN0003	신소재부	신기정	530-8963	A003
DN0004	자동화시스템부	고근희	523-8955	B002
DN0005	산업자동화	이재황	258-7966	B003
DN0006	설계부	양현석	523-5698	B001
DN0007	전기전자부	하태종	523-5697	A003
DN0008	사물인터넷부	정유석	451-5900	D002

Error Code: 1062. Duplicate entry 'DN0001' for key 'PRIMARY'

[그림 4-2] 개체 무결성 제약

부서번호(dept_no) 'DN0001'이 존재하고 있는 상태에서 'DN0001'이 입력되면 기본키이므로 중복된 값을 입력할 수 없다. 이런 경우를 개체 무결성 위반이라고 한다.

② NULL 값 입력

```
INSERT INTO department
    VALUES(NULL,'화학공정과','구본길','855-4589','B005');
```

Error Code: 1048. Column 'dept_no' cannot be null

[그림 4-3] 개체 무결성 제약 - NULL 값

기본키로 설정된 dept_no 칼럼은 NULL을 입력할 수 없다. 이런 경우도 위의 중복 값 입력 금지와 마찬가지로 개체 무결성 위반이라고 한다.

(2) 참조 무결성 제약 조건(referential integrity)

참조 무결성 제약 조건은 릴레이션 간에서 참조할 수 없는 외래키(Foreign key) 값을 가질 수 없다는 것을 말한다. 즉 외래키 값은 항상 유효한 참조이어야 하며, 참조하는 값이 삭제되지 않도록 보장해야 한다.

아래의 릴레이션에서 구매 의뢰(MATERIALS_LIST) 릴레이션의 의뢰 순번(order_no)은 기본키이며, 수불 리스트(LEDGER) 릴레이션에서 의뢰 순번(order_no)을 외래키로 참조하고 있다.

의뢰순번	재료코드	재료명	규격
order_no	m_no	m_name	m_standard
1	MC0203	아두이노	ARDUINO(UNO, BM)
2	MC0203	아두이노	ARDUINO(UNO, CAR_V2.0)
3	MC0203	PLC일체형	LS산전(glofa:GM7)
4	MC0203	ac케이블	ac케이블(두께1.2mm, 10m)
5	MC0203	ac케이블	ac케이블(두께1.6mm, 10m)
6	MC0203	AVR	atmega(853516PU, DIP)

순번	의뢰순번	사용량	재고수량
l_no	order_no	m_use	m_stock
1	1	2	
2	2	1	
3	3	0	
4	4	0	
5	5	1	
6	6	1	

구매의뢰 (MATERIALS_LIST) 수불리스트(LEDGER)

[그림 4-4] 참조 무결성 제약

이때 아래와 같이 수불 리스트(LEDGER) 릴레이션에서 의뢰 순번(order_no) 칼럼 값으로 '25' 값을 입력하면 참조할 수 없다는 에러 메시지와 함께 입력할 수 없다. 외래키로 지정된 수불 리스트(LEDGER)의 의뢰 순번(order_no)은 구매 의뢰(MATERIALS_LIST) 릴레이션의 의뢰 순번(order_no)에 없는 데이터는 참조할 수 없다. 이런 경우를 참조 무결성에 위배되었다고 한다.

```
INSERT INTO LEDGER VALUES(25, 50, 3, NULL);
```

Error Code: 1452. Cannot add or update a child row: a foreign key constraint fails ('project'.'ledger', CONSTRAI...

4) 실습용 예제 테이블

본 장에서 이용하는 예제 테이블로는 재료(MATERIALS), 제작(MANUFACTURE), 부서(DEPARTMENT), 구매 의뢰(MATERIALS_LIST), 사원(EMPLOYEE), 수불 리스트(LEDGER)의 6개의 릴레이션으로 구성된다.

[표 4-3]는 릴레이션들의 항목들을 설명한 것이고 [표 4-4]~[표 4-9]는 인스턴스를 추가한 릴레이션과 각 테이블 명세표를 나타낸다.

재료(MATERIALS)	코드별 재료 분류
재료코드(m_no)	재료를 유일하게 식별할 수 있는 값
분류(m_group)	재료코드별 분류 구분

사원(EMPLOYEE)	사원 관련 정보 포함
사원번호(e_no)	사원을 유일하게 식별하는 값
주민번호(e_jumin)	사원의 주민등록번호
이름(e_name)	사원의 이름
부서(dept_name)	사원이 속한 부서
직급(grade)	사원의 직급

입사일(e_date)	사원의 입사일
전화(e_tel)	사원의 전화번호
주소(e_address)	사원의 주소

제작(MANUFACTURE)	제품명별 재료 관리
제품번호(p_no)	제품명을 유일하게 식별할 수 있는 값
제품명(p_name)	제품코드별 제품명
제작일(m_date)	제품 제작 시작일
제작 기간(m_term)	제품 제작 기간
담당자(e-no)	제품별 담당자 코드

부서(DEPARTMENT)	부서에 대한 정보 포함
부서코드(dept_no)	부서를 유일하게 식별할 수 있는 값
부서명(dept_name)	부서코드별 부서명
부서장(head)	부서의 부서장
전화(dept_tel)	부서의 대표 전화
위치(location)	부서의 사내 위치

구매 의뢰(MATERIALS_LIST)	재료 구매 의뢰 관리
의뢰 순번(order_no)	재료별 구매 의뢰를 유일하게 식별할 수 있는 값
재료코드(m_no)	소그룹별 재료코드 값
재료명(m_name)	재료코드별 재료명
제품번호(p_no)	재료가 포함된 제품 번호
수량(m_qty)	재료의 수량
의뢰 단가(m_cost)	재료의 의뢰 단가
의뢰 금액(m_price)	재료의 의뢰 금액
부서코드(dept_no)	재료를 의뢰한 부서코드
의뢰자(e_no)	재료를 의뢰한 사원코드

수불 리스트(LEDGER)	재료별 수불 리스트 포함
순번(i-no)	재료의 입고·출고를 유일하게 식별할 수 있는 값
의뢰 코드(order_no)	구매 의뢰 테이블의 의뢰 순번 코드
사용량(m_use)	재료를 사용하기 위한 출고량
재고 수량(m_stock)	재료별 재고량

[표 4-3] 예제 테이블의 항목 설명

아래의 릴레이션들은 서로 기본키와 외래키로 참조를 하고 있기 때문에 번호 순서대로 테이블을 생성해야 한다.

생성하는 방법과 데이터 삽입 방법은 다음 장에서 참고하도록 한다.

(1) 재료(MATERIALS) 테이블 생성하기

① 재료(MATERIALS)	
재료코드	분류
m_no	m_group
MC0101	철재류
MC0102	잡자재류
MC0201	전기류

⋮
이하 생략

위의 테이블을 테이블 명세를 참고로 테이블을 생성해 보자.

필드 설명	필드명	유형(길이)	제약 사항
재료코드	m_no	char(20)	PRIMARY KEY
분류	m_group	char(50)	NOT NULL

[표 4-4] 재료(MATERIALS) 테이블 명세표

```
CREATE TABLE MATERIALS (

    m_no char(10) PRIMARY KEY,

    m_group char(20) NOT NULL

    );
```

```
SHOW TABLES;
```

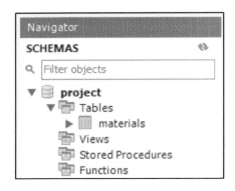

새로운 재료(MATERIALS) 테이블이 생성되었다.

왼쪽과 오른쪽의 어떤 방법으로도 확인 가능하다.

(2) 사원(EMPLOYEE) 테이블 생성하기

② 사원(EMPLOYEE)								
사원번호	주민번호	이름	부서	직급	입사일	전화	주소	급여
e_no	e_jumin	e_name	dept_name	grade	e_date	e_tel	e_address	e_sal
EC0001	680201-1952000	김명수	산업디자인부	부장	730102	010-5262-5633	부산	500
EC0002	680602-1095822	안재환	정보통신부	부장	841201	010-4789-2630	울산	560
EC0003	691215-1195774	박동진	정보통신부	과장	841201	010-4895-6333	창원	510
EC0004	611115-1058555	이재황	산업자동화부	부장	820201	010-4562-8960	마산	550
EC0005	700203-2954122	이미라	산업디자인부	과장	861101	010-4132-5412	부산	510

⋮
이하 생략

위의 테이블을 테이블 명세를 참고로 테이블을 생성해 보자.

필드 설명	필드명	유형(길이)	제약 사항
사원번호	e_no	char(10)	PRIMARY KEY
주민번호	e_jumin	char(14)	NOT NULL
이름	e_name	varchar(20)	NOT NULL
부서	dept_name	varchar(20)	NULL
직급	grade	char(10)	NULL
입사일	e_date	date	NOT NULL
전화	e_tel	char(15)	NOT NULL
주소	e_address	varchar(80)	NULL
급여	e_sal	int	NOT NULL

[표 4-5] 사원(EMPLOYEE) 테이블 명세표

```
CREATE TABLE EMPLOYEE (
    e_no char(10) PRIMARY KEY,
    e_jumin char(14) NOT NULL,
    e_name varchar(20) NOT NU LL,
    dept_name varchar(20),
    grade char(10),
    e_date date NOT NULL,
    e_tel char(15) NOT NULL,
    e_address varchar(80),
    e_sal int NOT NULL
    );
```

```
SHOW TABLES;
```

새로운 테이블이 생성된 것을 확인한다.

※ 명령어 대소문자 구별하지 않는다.

(3) 제작(MANUFACTURE) 테이블 생성하기

③ 제작(MANUFACTURE)				
제품번호	제품명	제작일	제작 기간	담당자
p_no	p_name	m_date	m_term	e-no
MN0001	네트워크	161201	1	EC0003
MN0002	CAD	020401	2	EC0001
MN0003	디지털회로	961201	2	EC0007
MN0004	회로 시뮬레이션	060812	3	EC0014
MN0005	사물인터넷	120306	4	EC0003

⋮

이하 생략

위의 테이블을 테이블 명세를 참고로 테이블을 생성해 보자.

필드 설명	필드명	유형(길이)	제약 사항
제품번호	p_no	char(10)	PRIMARY KEY
제품명	p_name	varchar(20)	NOT NULL
제작일	m_date	date	NOT NULL
제작 기간	m_term	tinyint	NOT NULL
담당자	e-no	char(10)	FOREIGN KEY

[표 4-6] 제작(MANUFACTURE) 테이블 명세표

```
CREATE TABLE MANUFACTURE (
    p_no char(10) PRIMARY KEY,
    p_name varchar(20) NOT NULL,
    m_date  date NOT NULL,
    m_term  tinyint NOT NULL,
    e_no char(10)  NOT NULL,
    FOREIGN KEY (e_no) REFERENCES EMPLOYEE(e_no)
    );
```

```
SHOW TABLES;
```

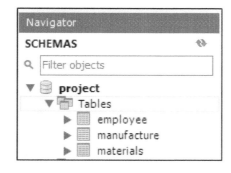

새로운 테이블이 생성된 것을 확인한다.

(4) 부서(DEPARTMENT) 테이블 생성하기

④ 부서(DEPARTMENT)				
부서코드	부서명	부서장	전화	위치
dept_no	dept_name	head	dept_tel	location
DN0001	산업디자인부	김명수	456-8963	D001
DN0002	정보통신부	안재환	290-1590	A002
DN0003	신소재부	신기정	536-8963	A003

⋮
이하 생략

위의 테이블을 테이블 명세를 참고로 테이블을 생성해 보자.

필드 설명	필드명	유형(길이)	제약 사항
부서코드	dept_no	char(10)	PRIMARY KEY
부서명	dept_name	varchar(20)	NOT NULL
부서장	head	char(10)	NULL
전화	dept_tel	char(15)	NULL
위치	location	char(5)	NULL

[표 4-7] 부서(DEPARTMENT) 테이블 명세표

```
CREATE TABLE DEPARTMENT (
    dept_no char(10) PRIMARY KEY,
    dept_name varchar(20) NOT NULL,
    head char(10),
    dept_tel char(15),
    location char(5)
    );


SHOW TABLES;
```

(5) 구매 의뢰(MATERIALS_LIST) 테이블 생성하기

⑤ 구매 의뢰(MATERIALS_LIST)										
의뢰순번	재료코드	재료명	규격	단위	제품번호	수량	의뢰단가	의뢰금액	부서코드	의뢰자
order_no	m_no	m_name	m_standard	m_unit	p_no	m_qty	m_cost	m_price	dept_no	e_no
1	MC0203	아두이노	ARDUINO(UNO, BM)	개	MN0005	3	60000		DN0002	EC0002
2	MC0203	아두이노	ARDUINO(UNO, CAR_V2.0)	개	MN0005	3	90000		DN0002	EC0006
3	MC0203	PLC일체형	LS산전(glofa:GM7)	개	MN0005	1	250000		DN0004	EC0011
4	MC0203	ac케이블	ac케이블(두께1.2mm, 10m)	m	MN0005	1	1800		DN0002	EC0002
5	MC0203	ac케이블	ac케이블(두께1.6mm, 10m)	m	MN0005	1	1800		DN0002	EC0006

⋮

이하 생략

위의 테이블을 테이블 명세를 참고로 테이블을 생성해 보자.

필드 설명	필드명	유형(길이)	제약 사항
의뢰 순번	order_no	smallint	PRIMARY KEY
재료코드	m_no	char(10)	FOREIGN KEY
재료명	m_name	varchar(50)	NOT NULL
규격	m_standard	varchar(50)	NOT NULL
단위	m_unit	char(5)	NOT NULL
제품번호	p_no	char(10)	FOREIGN KEY
수량	m_qty	smallint	NOT NULL
의뢰 단가	m_cost	int	NOT NULL
의뢰 금액	m_price	int	NULL
부서코드	dept_no	char(10)	FOREIGN KEY
의뢰자	e_no	char(10)	FOREIGN KEY

[표 4-8] 구매 의뢰(MATERIALS_LIST) 테이블 명세표

```
CREATE TABLE MATERIALS_LIST (
        order_no smallint PRIMARY KEY,
        m_no char(10) NOT NULL,
        m_name varchar(50) NOT NULL,
        m_standard varchar(50) NOT NULL,
        m_unit char(5) NOT NULL,
        p_no char(10) NOT NULL,
        m_qty smallint NOT NULL,
        m_cost int NOT NULL,
        m_price int ,
        dept_no char(10) NOT NULL,
        e_no char(10) NOT NULL,
        FOREIGN KEY(m_no) REFERENCES MATERIALS(m_no),
        FOREIGN KEY(p_no) REFERENCES MANUFACTURE(p_no),
        FOREIGN KEY(dept_no) REFERENCES DEPARTMENT(dept_no),
        FOREIGN KEY(e_no) REFERENCES EMPLOYEE(e_no)
        );


SHOW TABLES;
```

생성된 테이블의 구조(스키마)를 확인한다.

```
DESC MATERIALS_LIST;
```

Field	Type	Null	Key	Default	Extra
order_no	smallint	NO	PRI	NULL	
m_no	char(10)	NO	MUL	NULL	
m_name	varchar(50)	NO		NULL	
p_no	char(10)	NO	MUL	NULL	
m_qty	smallint	NO		NULL	
m_cost	int	NO		NULL	
m_price	int	YES		NULL	
dept_no	char(10)	NO	MUL	NULL	
e_no	char(10)	NO	MUL	NULL	

(6) 수불(LEDGER) 테이블 생성하기

⑥ 수불 리스트(LEDGER)			
순번	의뢰 순번	사용량	재고 수량
l_no	order_no	m_use	m_stock
1	1	2	
2	2	1	
3	3	0	
4	4	0	
5	5	1	
이하 생략			

위의 테이블을 테이블 명세를 참고로 테이블을 생성해 보자.

필드 설명	필드명	유형(길이)	제약 사항
순번	i_no	tinyint	PRIMARY KEY
의뢰 순번	order_no	smallint	FOREIGN KEY
사용량	m_use	smallint	NOT NULL
재고 수량	m_stock	smallint	NULL

[표 4-9] 수불 리스트(LEDGER) 테이블 명세표

```
CREATE TABLE LEDGER(
    i_no tinyint PRIMARY KEY AUTO_INCREMENT,
    order_no smallint NOT NULL,
    m_use smallint NOT NULL,
    m_stock smallint,
    FOREIGN KEY(order_no) REFERENCES MATERIALS_LIST(order_no));


SHOW TABLES;
```

양쪽 두 가지의 방법으로 확인

실습에 필요한 6개의 테이블이 생성되었다.

예제 project 데이터베이스의 각 테이블의 관계(relation)는 아래와 같다.

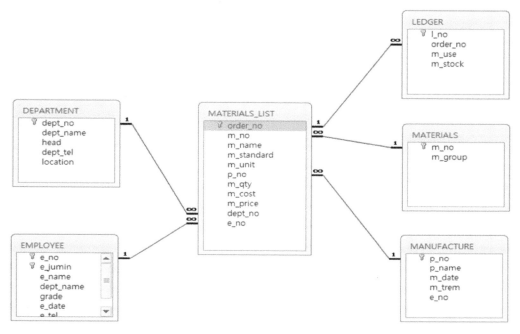

[그림 4-5] 예제 project 데이터베이스의 테이블 관계도

📑 3. 테이블 변경(ALTER TABLE)

기존의 테이블에 칼럼을 추가·삭제하거나 제약 조건을 추가·삭제하는 경우이다.

1) ADD COLUMN

기존의 테이블에서 필요한 칼럼을 추가하는 명령이다.

```
ALTER TABLE 테이블명 ADD 추가할 칼럼명 데이터 유형;
```

(1) MATERIALS 테이블의 구조를 확인한다.

```
DESC MATERIALS;
```

	Field	Type	Null	Key	Default	Extra
▶	m_no	char(10)	NO	PRI	NULL	
	m_group	char(20)	NO		NULL	

(2) MATERIALS 테이블에 m_qty 칼럼을 추가한다.

데이터 유형은 integer 형식으로 한다.

```
ALTER TABLE MATERIALS ADD m_qty int;
DESC MATERIALS;
```

	Field	Type	Null	Key	Default	Extra
▶	m_no	char(10)	NO	PRI	NULL	
	m_group	char(20)	NO		NULL	
	m_qty	int	YES		NULL	

새로운 칼럼(m_qty)이 추가되었다.

2) DROP COLUMN

테이블에서 필요 없는 칼럼을 삭제한다. 한 번 삭제된 칼럼은 복구할 수 없다.

```
ALTER TABLE 테이블명 DROP COLUMN 삭제할 칼럼명;
```

(1) MATERIALS 테이블의 m_qty 칼럼을 삭제한다.

```
ALTER TABLE MATERIALS DROP COLUMN  m_qty;
```

(2) DESC MATERIALS;

Field	Type	Null	Key	Default	Extra
▶ m_no	char(10)	NO	PRI	NULL	
m_group	char(20)	NO		NULL	

m_qty 칼럼이 삭제되었다.

3) MODIFY COLUMN

테이블의 칼럼에 대한 정의를 변경한다. 즉 데이터 유형, 디폴트 값, NOT NULL 제약 조건을 변경할 수 있다.

```
ALTER TABLE 테이블명 MODIFY 컬럼명1 데이터 유형 [DEFAULT 식] [NOT NULL],
                          컬럼명2 데이터 유형 .....  ;
```

(1) MATERIALS_LIST 테이블의 m_name 컬럼의 유형을 varchar(60)으로 변경하고, 새로운 값이 입력될 때 데이터의 default 값을 'Oracle'로 하고 NULL로 변경한다.

```
DESC MATERIALS_LIST;
```

	Field	Type	Null	Key	Default	Extra
▶	order_no	smallint	NO	PRI	NULL	
	m_no	char(10)	NO	MUL	NULL	
	m_name	varchar(50)	NO		NULL	
	p_no	char(10)	NO	MUL	NULL	
	m_qty	smallint	NO		NULL	
	m_cost	int	NO		NULL	
	m_price	int	YES		NULL	
	dept_no	char(10)	NO	MUL	NULL	
	e_no	char(10)	NO	MUL	NULL	

```
ALTER TABLE MATERIALS_LIST
    MODIFY m_name varchar(60) DEFAULT 'Oracle' NULL;
```

(2) DESC MATERIALS_LIST;

	Field	Type	Null	Key	Default	Extra
▶	order_no	smallint	NO	PRI	NULL	
	m_no	char(10)	NO	MUL	NULL	
	m_name	varchar(60)	YES		Oracle	
	p_no	char(10)	NO	MUL	NULL	
	m_qty	smallint	NO		NULL	
	m_cost	int	NO		NULL	
	m_price	int	YES		NULL	
	dept_no	char(10)	NO	MUL	NULL	
	e_no	char(10)	NO	MUL	NULL	

데이터 유형과 NULL 속성, Default 속성이 'Oracle'로 변경되었다.

4) ADD CONSTRAINT

테이블 생성 시 제약 조건을 적용하지 않았을 경우 특정 칼럼에 제약 조건을 부여하는 명령이다.

```
ALTER TABLE 테이블명 ADD CONSTRAINT 제약 조건명 제약 조건(컬럼명) ;
```

(1) 실습을 위해 MATERIALS_LIST 테이블의 모든 칼럼을 MAT1 테이블로 복사한다.

```
CREATE TABLE MAT1 AS SELECT * FROM MATERIALS_LIST;
```

```
SHOW TABLES;
```

Tables_in_project
department
employee
ledger
manufacture
mat1
materials
materials_list

```
DESC MAT1;
```

Field	Type	Null	Key	Default	Extra
order_no	smallint	NO		NULL	
m_no	char(10)	NO		NULL	
m_name	varchar(60)	YES		Oracle	
p_no	char(10)	NO		NULL	
m_qty	smallint	NO		NULL	
m_cost	int	NO		NULL	
m_price	int	YES		NULL	
dept_no	char(10)	NO		NULL	
e_no	char(10)	NO		NULL	

※ 확인 결과 복사는 되었으나 Key 속성은 복사되지 않았다.

(2) MAT1 테이블의 order_no 칼럼을 기본키로 설정한다.

```
ALTER TABLE MAT1
    ADD CONSTRAINT mat1_pk PRIMARY KEY(order_no);
```

```
DESC MAT1;
```

	Field	Type	Null	Key	Default	Extra
▶	order_no	smallint	NO	PRI	NULL	
	m_no	char(10)	NO		NULL	
	m_name	varchar(60)	YES		Oracle	
	p_no	char(10)	NO		NULL	
	m_qty	smallint	NO		NULL	
	m_cost	int	NO		NULL	
	m_price	int	YES		NULL	
	dept_no	char(10)	NO		NULL	
	e_no	char(10)	NO		NULL	

(3) MAT1 테이블의 e_no 칼럼은 제작(MANUFACTURE) 테이블의 e_no 칼럼의 외래 키로 설정을 추가한다.

```
ALTER TABLE MAT1
    ADD CONSTRAINT mat1_fk FOREIGN KEY(e_no)
    REFERENCES MANUFACTURE(e_no);
```

	Field	Type	Null	Key	Default	Extra
▶	order_no	smallint	NO	PRI	NULL	
	m_no	char(10)	NO		NULL	
	m_name	varchar(60)	YES		Oracle	
	p_no	char(10)	NO		NULL	
	m_qty	smallint	NO		NULL	
	m_cost	int	NO		NULL	
	m_price	int	YES		NULL	
	dept_no	char(10)	NO		NULL	
	e_no	char(10)	NO	MUL	NULL	

5) RENAME TABLE

테이블의 이름을 변경한다.

```
RENAME TABLE 변경 전 테이블명 TO 변경 후 테이블명;
```

(1) MAT1 테이블명을 MAT11으로 변경한다.

```
RENAME TABLE MAT1 TO MAT11;
```

(2) SHOW TABLES;

테이블명이 MAT11으로 변경되었다.

📑 4. / 테이블 삭제(DROP TABLE)

테이블을 잘못 만들었거나 더 이상 필요가 없을 때 사용한다.

```
DROP TABLE 테이블명 [CASCADE] [CASCADE CONSTRAINT] [RESTRICT];
```

1) MAT11 테이블을 삭제한다.

```
DROP TABLE mat11;
```

2) 만약에 참조하는 테이블이 있을 경우 참조하고 있는 주 테이블을 삭제하려고
하면 참조 무결성 제약 조건에 의해 에러가 발생한다.

```
DROP TABLE MANUFACTURE;
```

Error Code: 3730. Cannot drop table 'manufacture' referenced by a foreign key constraint 'materials_list_ibfk_2' on table 'materials_list'.

삭제를 원하면 외래키가 있는 테이블부터 삭제하여야 한다.

연습문제

1. 아래와 같이 테이블을 생성하시오.

테이블명	BookStore
열 이름	유형(크기)
b_id	int
b_name	varchar(20)
publisher	varchar(20)
price	int

```
CREATE TABLE BookStore(

    b_id int(11),

    b_name varchar(20),

    publisher varchar(20),

    price int(11));
```

```
DESC BookStore;
```

Field	Type	Null	Key	Default	Extra
b_id	int	YES		NULL	
b_name	varchar(20)	YES		NULL	
publisher	varchar(20)	YES		NULL	
price	int	YES		NULL	

2. b_id의 데이터 유형을 smallint로 변경하시오.

```
ALTER TABLE BookStore MODIFY b_id smallint;
```

```
DESC BookStore;
```

	Field	Type	Null	Key	Default	Extra
▶	b_id	smallint	YES		NULL	
	b_name	varchar(20)	YES		NULL	
	publisher	varchar(20)	YES		NULL	
	price	int	YES		NULL	

3. BookStore 테이블에 varchar(20)의 isbn 칼럼을 추가하시오.

```
ALTER TABLE BookStore ADD isbn varchar(15);
```

```
DESC BookStore;
```

	Field	Type	Null	Key	Default	Extra
▶	b_id	smallint	YES		NULL	
	b_name	varchar(20)	YES		NULL	
	publisher	varchar(20)	YES		NULL	
	price	int	YES		NULL	
	isbn	varchar(15)	YES		NULL	

4. b_id의 속성을 기본키로 변경하시오.

```
ALTER TABLE BookStore
    ADD CONSTRAINT book_pk PRIMARY KEY(b_id);
```

```
DESC BookStore;
```

Field	Type	Null	Key	Default	Extra
b_id	smallint	NO	PRI	NULL	
b_name	varchar(20)	YES		NULL	
publisher	varchar(20)	YES		NULL	
price	int	YES		NULL	
isbn	varchar(15)	YES		NULL	

5. b_name의 속성에 NOT NULL 제약 조건을 적용하시오.

```
ALTER TABLE BookStore MODIFY b_name varchar(20) NOT NULL;
```

```
DESC BookStore;
```

Field	Type	Null	Key	Default	Extra
b_id	smallint	NO	PRI	NULL	
b_name	varchar(20)	NO		NULL	
publisher	varchar(20)	YES		NULL	
price	int	YES		NULL	
isbn	varchar(15)	YES		NULL	

6. BookStore의 b_id와 b_name 칼럼만을 이용하여 테이블명 'Book'으로 복사하시오.

```
CREATE TABLE Book
    AS SELECT b_id, b_name  FROM BookStore;
```

```
DESC Book;
```

Field	Type	Null	Key	Default	Extra
b_id	smallint	NO		NULL	
b_name	varchar(20)	NO		NULL	

```
SHOW TABLES;
```

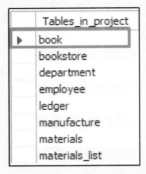

7. Book을 삭제하시오.

```
DROP TABLE Book;
```

8. 데이터는 제외하고 BookStore의 구조만 복사해서 Book2 테이블명으로 가져온다.

```
CREATE TABLE Book2
    AS SELECT * FROM BookStore  WHERE 1=2;
```

```
SHOW TABLES;
```

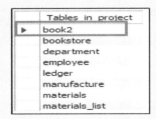

DESC Book2;

	Field	Type	Null	Key	Default	Extra
▶	b_id	smallint	NO		NULL	
	b_name	varchar(20)	NO		NULL	
	publisher	varchar(20)	YES		NULL	
	price	int	YES		NULL	
	isbn	varchar(15)	YES		NULL	

SELECT * FROM Book2;

b_id	b_name	publisher	price	isbn

데이터의 내용은 없이 구조만 복사했다.

9. publisher를 varchar(15)로 변경한다.

ALTER TABLE Book2 MODIFY publisher varchar(15);

DESC Book;

	Field	Type	Null	Key	Default	Extra
▶	b_id	smallint	NO		NULL	
	b_name	varchar(20)	NO		NULL	
	publisher	varchar(15)	YES		NULL	
	price	int	YES		NULL	
	isbn	varchar(15)	YES		NULL	

10. Book2의 b_id를 BookStore 테이블의 b_id의 외래키로 설정하시오.

```
ALTER TABLE Book2

    ADD CONSTRAINT book2_fk FOREIGN KEY(b_id)

    REFERENCES BookStore(b_id);
```

```
DESC Book2;
```

Field	Type	Null	Key	Default	Extra
b_id	smallint	NO	MUL	NULL	
b_name	varchar(20)	NO		NULL	
publisher	varchar(15)	YES		NULL	
price	int	YES		NULL	
isbn	varchar(15)	YES		NULL	

외래키로 설정되었다.

11. Book2의 테이블명을 BookStore2로 변경한다.

```
RENAME TABLE Book2 TO BookStore2;
```

Tables_in_project
bookstore
bookstore2
department
employee
ledger
manufacture
materials
materials_list

12. 테이블 BookStore2를 삭제한다.

```
DROP TABLE BookStore2;
```

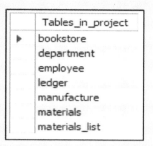

02. 데이터 조작 언어(DML)

데이터 조작 언어(DML, Data Manipulation Language)는 기존의 테이블에 데이터를 삽입(insert), 수정 (update), 검색(select), 삭제(delete)하는 기능이다

1. 데이터 삽입(INSERT)

데이터의 삽입문은 테이블에 새로운 튜플을 삽입한다.

```
① INSERT INTO 테이블명 (칼럼명1, 칼럼명2, .....)
        VALUES (value1, value2, ....);
② INSERT INTO 테이블명 VALUES (value1, value2, ....);
③ INSERT IGNORE INTO 테이블명 VALUES (value1, value2, ....);
```

해당 칼럼명과 입력되어야 하는 값(value)을 서로 1:1로 매핑해서 입력한다.

데이터 유형이 문자일 경우는 『 ' 』(single quotation)로 값을 입력하고 숫자형일 경우는 붙이지 않 는다.

①의 경우는 PRIMARY KEY나 NOT NULL로 지정되어 있지 않은 칼럼은 default로 NULL 값이 입력되며 칼럼의 순서는 테이블의 칼럼 순서와 일치하지 않아도 된다.

②의 경우는 모든 칼럼에 데이터를 입력하는 경우로 칼럼의 순서대로 빠짐없이 데이터가 입력되어야 한다.

③의 경우는 오류가 발생해도 무시하고 넘어가는 기능이다. 여러 건을 입력할 때 오류 건은 무시하고 나머지는 계속 입력되도록 할 때 사용한다.

※ 여러 건의 데이터를 동시에 입력하고자 할 때

1) DEPT 테이블에 아래와 같이 튜플을 삽입한다.

```
INSERT INTO DEPT(d_no, d_name, loc)
    VALUES(20, 'Park', 'ulsan');


INSERT INTO DEPT
    VALUES(60, 'sales', 'pusan');
```

2) 조회된 결과를 이용한 데이터 삽입한다.

DEPT 테이블에서 지역이 'pusan'을 찾아서 부서번호, 부서명, 지역명을 DEPT_PUSAN 테이블의 데이터로 삽입한다.

```
INSERT INTO DEPT_PUSAN
    SELECT d_no, d_name, loc FROM DEPT
    WHERE loc='pusan';
```

3) 기본키를 중복 입력했을 때 오류를 발생시키지 않고 무시하고 넘어간다.

(1) 일반적으로 기본키를 중복 입력했을 때

```
INSERT INTO EMP
    VALUES('EC0009', '현주협', 'DN0005', '대리');
ERROR 1062 (23000): Duplicate entry 'EC0009' for key 'PRIMARY'
```

(2) IGNORE을 사용하여 기본키를 중복 입력했을 때

```
INSERT IGNORE INTO EMP
    VALUES('EC0009', '현주협', 'DN0005', '대리');
            Query OK, 0 rows affected (0.00 sec)

SELECT * FROM EMP;
```

오류 메시지 없이 데이터를 삽입하지 않고 무시했다는 것을 확인한다.

이 교재에서 사용할 실습 테이블의 데이터 값을 입력한다.

데이터베이스명은 'project'이며, 테이블은 총 6개로 구성되어 있다.

1) 재료 분류(MATERIALS) 값을 입력한다.

① 재료(MATERIALS)	
재료코드	분류
m_no	m_group
MC0101	철재류
MC0102	잡자재류
MC0201	전기류
MC0202	전자류
MC0203	전기전자류
MC0301	전산용품류
MC0401	전산소모품류
MC0601	문구류
MC0701	체육용품류
MC0801	기타

[표 4-10] 재료 MATERIALS 테이블

```
INSERT INTO MATERIALS VALUES('MC0101', '철재류');
INSERT INTO MATERIALS VALUES('MC0102', '잡자재류');
INSERT INTO MATERIALS VALUES('MC0201', '전기류');
```

:

이하 생략

이하 생략한 부분은 각자가 모두 입력한 후 확인한다.

    SELECT * FROM MATERIALS;

	m_no	m_group
▶	MC0101	철재류
	MC0102	잡자재류
	MC0201	전기류
	MC0202	전자류
	MC0203	전기전자류
	MC0301	전산용품류
	MC0401	전산소모품류
	MC0601	문구류
	MC0701	체육용품류
	MC0801	기타
*	NULL	NULL

2) 사원(EMPLOYEE) 값을 입력한다.

② 사원(EMPLOYEE)								
사원번호	주민번호	이름	부서	직급	입사일	전화	주소	급여
e_no	e_jumin	e_name	dept_name	grade	e_date	e_tel	e_address	e_sal
EC0001	680201-1952000	김명수	산업디자인부	부장	730102	010-5262-5633	부산	500
EC0002	680602-1095822	안재환	정보통신부	부장	841201	010-4789-2630	울산	560
EC0003	691215-1195774	박동진	정보통신부	과장	841201	010-4895-6333	창원	510
EC0004	611115-1058555	이재황	산업자동화부	부장	820201	010-4562-8960	마산	550
EC0005	700203-2954122	이미라	산업디자인부	과장	861101	010-4132-5412	부산	510
EC0006	761202-1263555	김민준			920301	010-8495-7890	울산	450
EC0007	761205-1489512	서홍일	산업자동화부	대리	111201	010-2571-1080	대구	400
EC0008	700409-1945785	최무선	신소재개발부	과장	080301	010-4512-8520	부산	510
EC0009	770107-1463233	양현석			031201	010-4578-8410	대구	510
EC0010	640305-1285665	고근희	설계부	부장	960401	010-4896-8992	서울	500

[표 4-11] 사원(EMPLOYEE) 테이블

```
INSERT INTO EMPLOYEE
    VALUES('EC0001', '580201-1952000', '김명수', '산업디자인부', '부장',
        730102, '010-5262-5633', '부산', 500);


INSERT INTO EMPLOYEE
    VALUES('EC0002', '680602-1095822', '안재환', '정보통신부', '부장',
        841201, '010-4789-2630', '울산', 560);


INSERT INTO EMPLOYEE
    VALUES('EC0003', '691215-1195774', '박동진', '정보통신부', '과장',
        841201, '010-4895-6333', '창원', 510);
```

                                        ⋮

                                    이하 생략

```
SELECT * FROM EMPLOYEE;
```

e_no	e_jumin	e_name	dept_name	grade	e_date	e_tel	e_address	e_sal
EC0001	580201-1952000	김명수	산업디자인부	부장	1973-01-02	010-5262-5633	부산	500
EC0002	680602-1095822	안재환	정보통신부	부장	1984-12-01	010-4789-2630	울산	560
EC0003	691215-1195774	박동진	정보통신부	과장	1984-12-01	010-4895-6333	창원	510
EC0004	611115-1058555	이재황	산업자동화부	부장	1982-02-01	010-4562-8960	마산	550
EC0005	700203-2058556	이미라	산업디자인부	과장	1986-11-01	010-4132-5412	부산	510
EC0006	761026-1025057	김민준	NULL	NULL	1992-03-01	010-8495-7890	울산	450
EC0007	761205-1485952	서홍일	산업자동화부	대리	2009-12-01	010-2571-1080	대구	400
EC0008	700409-1895233	최무선	신소재개발부	과장	2008-03-01	010-4512-8520	부산	510
EC0009	770107-1463992	양현석	NULL	NULL	2022-12-01	010-4578-8410	대구	510
EC0010	640305-1285080	고근희	설계부	부장	1996-04-01	010-4896-8992	서울	500

3) 제작(MANUFACTURE) 값을 입력한다.

③ 제작(MANUFACTURE)				
제품번호	제품명	제작일	제작 기간	담당자
p_no	p_name	m_date	m_term	e_no
MN0001	네트워크	161201	1	EC0003
MN0002	CAD	020401	2	EC0001
MN0003	디지털회로	961201	2	EC0007
MN0004	회로 시뮬레이션	060812	3	EC0010
MN0005	사물인터넷	120306	4	EC0003
MN0006	임베디드 시스템	131105	3	EC0009
MN0007	광통신	000204	1	EC0006
MN0008	기초 전기전자	970506	4	EC0008
MN0009	마이크로프로세서	140602	2	EC0004

[표 4-12] 제작(MANUFACTURE) 테이블

```
INSERT INTO MANUFACTURE

    VALUES ('MN0001', '네트워크', 161201, 1, 'EC0003');


INSERT INTO MANUFACTURE

    VALUES ('MN0002', 'CAD', 020401, 2, 'EC0001');


INSERT INTO MANUFACTURE

    VALUES ('MN0003', '디지털회로', 961201, 2, 'EC0007');
```

⋮

이하 생략

```
SELECT * FROM manufacture;
```

	p_no	p_name	m_date	m_term	e_no
▶	MN0001	네트워크	2016-12-01	1	EC0003
	MN0002	CAD	2002-04-01	2	EC0001
	MN0003	디지털회로	1996-12-01	2	EC0007
	MN0004	회로시뮬레이션	2006-08-12	3	EC0010
	MN0005	사물인터넷	2012-03-06	4	EC0003
	MN0006	임베디드시스템	2013-11-05	3	EC0009
	MN0007	광통신	2000-02-05	1	EC0006
	MN0008	기초전기전자	1997-06-05	4	EC0008
	MN0009	마이크로프로세서	2014-06-02	2	EC0004

4) 부서(DEPARTMENT) 값을 입력한다.

④ 부서(DEPARTMENT)				
부서코드	부서명	부서장	전화	위치
dept_no	dept_name	head	dept_tel	location
DN0001	산업디자인부	김명수	456-8963	D001
DN0002	정보통신부	안재환	290-1590	A002
DN0003	신소재부	신기정	536-8963	A003
DN0004	자동화시스템부	고근희	523-8963	B002
DN0005	산업자동화부	이재황	258-7963	B003
DN0006	설계부	양현석	523-5698	B001
DN0007	전기전자부	하태종	745-8233	A003
DN0008	사물인터넷부	정유석	451-5900	C002

[표 4-13] 부서DEPARTMENT 테이블

```
INSERT INTO DEPARTMENT
    VALUES('DN0001', '산업디자인부', '김명수', '456-8963', 'D001');
```

```
INSERT INTO DEPARTMENT
    VALUES('DN0002', '정보통신부', '안재환', '290-1590', 'A002');


INSERT INTO DEPARTMENT
    VALUES ('DN0003', '신소재부', '신기정', '530-8963', 'A003');
                              ⋮
                          이하 생략



SELECT * FROM DEPARTMENT;
```

	dept_no	dept_name	head	dept_tel	location
▶	DN0001	산업디자인부	김명수	456-8963	D001
	DN0002	정보통신부	안재환	290-1590	A002
	DN0003	신소재부	신기정	530-8963	A003
	DN0004	자동화시스템부	고근회	523-8955	B002
	DN0005	산업자동화	이재황	258-7966	B003
	DN0006	설계부	양현석	523-5698	B001
	DN0007	전기전자부	하태종	523-5697	A003
	DN0008	사물인터넷부	정유석	451-5900	D002

5) 구매 의뢰(MATERIALS_LIST) 값을 입력한다.

⑤ 구매 의뢰(MATERIALS_LIST)											
의뢰순번	재료코드	재료명	규격	단위	제품번호	수량	의뢰단가	의뢰금액	부서코드	의뢰자
order_no	m_no	m_name	m_standard	m_unit	p_no	m_qty	m_cost	m_price	dept_no	e_no
1	MC0203	아두이노	ARDUINO(UNO, BM)	개	MN0005	3	60000		DN0002	EC0002
2	MC0203	아두이노	ARDUINO(UNO, CAR_V2.0)	개	MN0005	3	90000		DN0002	EC0006
3	MC0203	PLC일체형	LS산전(glofa:GM7)	개	MN0005	1	250000		DN0004	EC0011
4	MC0203	ac케이블	ac케이블(두께1.2mm, 10m)	m	MN0005	1	1800		DN0002	EC0002
5	MC0203	ac케이블	ac케이블(두께1.6mm, 10m)	m	MN0005	1	1800		DN0002	EC0006

6	MC0203	AVR	atmega(853516PU, DIP)	개	MN0005	1	30000		DN0002	EC0002
7	MC0102	건전지	알카라인(AA)	개	MN0006	30	1100		DN0002	EC0002
8	MC0202	마이크로프로세서	ARDUINO(UNO, R3)	개	MN0009	5	10000		DN0005	EC0004
9	MC0203	만능기판	에폭시(2.54mm, 40x50)	개	MN0009	50	10000		DN0002	EC0003
10	MC0401	키보드	일반형(PS2/USB)	개	MN0007	20	7000		DN0002	EC0006

[표 4-14] 구매 의뢰(MATERIALS_LIST) 테이블

```
INSERT INTO MATERIALS_LIST
    VALUES(1, 'MC0203', '아두이노', 'MN0005',
        3, 60000, NULL, 'DN0002', 'EC0002');


INSERT INTO MATERIALS_LIST
    VALUES(2, 'MC0203', '아두이노', 'MN0005',
        3, 90000, NULL, 'DN0002', 'EC0006');
INSERT INTO MATERIALS_LIST
    VALUES(3, 'MC0203', 'PLC일체형', 'MN0005',
        1, 250000, NULL, 'DN0004', 'EC0011');
```

⋮

이하 생략

```
SELECT * FROM MATERIALS_LIST;
```

order_no	m_no	m_name	m_standard	m_unit	p_no	m_qty	m_cost	m_price	dept_no	e_no
1	MC0203	아두이노	ARDUINO(UNO, BM)	개	MN0005	3	60000	NULL	DN0002	EC0002
2	MC0203	아두이노	ARDUINO(UNO, CAR_V2.0)	개	MN0005	3	90000	NULL	DN0002	EC0006
3	MC0203	PLC일체형	LS산전(glofa:GM7)	개	MN0005	1	250000	NULL	DN0004	EC0010
4	MC0203	ac케이블	ac케이블(두께1.2mm, 10m)	m	MN0005	1	1800	NULL	DN0002	EC0002
5	MC0203	ac케이블	ac케이블(두께1.6mm, 10m)	m	MN0005	1	1800	NULL	DN0002	EC0006
6	MC0203	AVR	atmega(853516PU, DIP)	개	MN0005	1	30000	NULL	DN0002	EC0002
7	MC0202	건전지	알카라인(AA)	개	MN0006	30	1100	NULL	DN0002	EC0002
8	MC0202	마이크로프로세서	ARDUINO(UNO, R3)	개	MN0009	5	10000	NULL	DN0005	EC0004
9	MC0203	만능기판	에폭시(2.54mm, 40x50)	개	MN0009	50	10000	NULL	DN0002	EC0003
10	MC0401	키보드	일반형(PS2/USB)	개	MN0007	20	7000	NULL	DN0002	EC0006

6) 수불 리스트(LEDGER) 값을 입력한다.

⑥ 수불 리스트(LEDGER)			
순번	의뢰 순번	사용량	재고 수량
l_no	order_no	m_use	m_stock
1	1	2	
2	2	1	
3	3	0	
4	4	0	
5	5	1	
6	6	1	
7	7	5	
8	8	3	
9	9	12	
10	10	5	

[표 4-15] 수불 리스트(LEDGER) 테이블

```
INSERT INTO LEDGER VALUES(1, 1, 2, NULL);


INSERT INTO LEDGER VALUES(2, 3, 1, NULL);


INSERT INTO LEDGER VALUES(3, 3, 0, NULL);
```
⋮

이하 생략

```
SELECT * FROM LEDGER;
```

	i_no	order_no	m_use	m_stock
►	1	1	2	NULL
	2	2	1	NULL
	3	3	0	NULL
	4	4	0	NULL
	5	5	1	NULL
	6	6	1	NULL
	7	7	5	NULL
	8	8	3	NULL
	9	9	12	NULL
	10	10	5	NULL

위와 같이 모든 실습용 테이블의 삽입이 완료되었다.

TIP! / 테이블의 복사

기존에 만들어져 있는 테이블을 참조하여 생성하는 방법으로 전체를 복사하는 방법과 특정 칼럼만 복사하는 방법, 구조만 복사하는 방법이 있다.

1. 모든 칼럼 복사하기

```
CREATE TABLE  MAT1
    AS SELECT * FROM MATERIALS_LIST;
```

2. 특정 칼럼만 복사하기

```
CREATE TABLE MAT2
    AS SELECT m_no, m_name FROM MATERIALS_LIST;
```

```
CREATE TABLE EMP2
    AS SELECT e_no, e_name, dept_name FROM EMPLOYEE;
```

3. 테이블의 구조(칼럼)만 가져오고 데이터는 제외하기

```
CREATE TABLE MAT3
    AS SELECT * FROM MATERIALS_LIST WHERE 1=2;
```

TIP! MySQL에서의 주석문 처리

주석은 주로 코드에 설명을 달거나 임시로 실행을 잠시 막을 때 사용한다.
실행에는 아무런 영향을 끼치지 않는다.

1. 한 줄 주석(--)

-- 뒤에 한 칸 띄어 쓰고 사용해야 한다.

예) INSERT INTO LEDGER VALUES(2, 3, 1, NULL); -- NULL값을 입력함.

2. 여러 줄 주석 (/* */)

예) /* 블록 주석 연습 시작

　　INSERT INTO MATERIALS_LIST

　　　　VALUES(2, 'MC0203', '아두이노', 'ARDUINO(UNO,CAR_V2.0)',

　　　　'개', 'MN0005', 3, 90000, NULL, 'DN0002', 'EC0006'); 블록 주석 끝 */

▦ 2. 데이터 갱신(UPDATE)

SQL 질의어에서 테이블에 저장된 데이터의 내용을 갱신하기 위해서 사용하는 명령이다.

```
UPDATE 테이블명
      SET 컬럼명1=컬럼명1의 값, 컬럼명2=컬럼명2의 값, .....
      [ WHERE 조건 ];
```

WHERE 절은 생략이 가능하지만 생략하면 테이블 전체의 행이 변경된다.

1) 구매 의뢰(MATERIALS_LIST) 테이블의 의뢰 금액(m_price) 열에 수량(m_qty)
   * 의뢰 단가(m_cost)한 값으로 일괄적으로 갱신한다.

```
UPDATE MATERIALS_LIST  SET m_price=m_qty*m_cost;
```

```
SELECT * FROM MATERIALS_LIST;
```

order_no	m_no	m_name	m_standard	m_unit	p_no	m_qty	m_cost	m_price	dept_no	e_no
1	MC0203	아두이노	ARDUINO(UNO, BM)	개	MN0005	3	60000	180000	DN0002	EC0002
2	MC0203	아두이노	ARDUINO(UNO, CAR_V2.0)	개	MN0005	3	90000	270000	DN0002	EC0006
3	MC0203	PLC일체형	LS산전(glofa:GM7)	개	MN0005	1	250000	250000	DN0004	EC0010
4	MC0203	ac케이블	ac케이블(두께1.2mm, 10m)	m	MN0005	1	1800	1800	DN0002	EC0002
5	MC0203	ac케이블	ac케이블(두께1.6mm, 10m)	m	MN0005	1	1800	1800	DN0002	EC0006
6	MC0203	AVR	atmega(853516PU, DIP)	개	MN0005	1	30000	30000	DN0002	EC0002
7	MC0202	건전지	알카라인(AA)	개	MN0006	30	1100	33000	DN0002	EC0002
8	MC0202	마이크로프로세서	ARDUINO(UNO, R3)	개	MN0009	5	10000	50000	DN0005	EC0004
9	MC0203	만능기판	에폭시(2.54mm, 40x50)	개	MN0009	50	10000	500000	DN0002	EC0003
10	MC0401	키보드	일반형(PS2/USB)	개	MN0007	20	7000	140000	DN0002	EC0006

위와 같이 전체를 일괄적으로 갱신하려고 하면 WHERE 절을 생략해야 한다.

2) 사원(EMPLOYEE) 테이블에서 '강길찬'의 직급(grade)을 '부장'으로 갱신한다.

UPDATE EMPLOYEE SET grade='부장' WHERE e_name='서홍일';

SELECT * FROM EMPLOYEE;

e_no	e_jumin	e_name	dept_name	grade	e_date	e_tel	e_address	e_sal
EC0001	580201-1952000	김명수	산업디자인부	부장	1973-01-02	010-5262-5633	부산	500
EC0002	680602-1095822	안재환	정보통신부	부장	1984-12-01	010-4789-2630	울산	560
EC0003	691215-1195774	박동진	정보통신부	과장	1984-12-01	010-4895-6333	창원	510
EC0004	611115-1058555	이재황	산업자동화부	부장	1982-02-01	010-4562-8960	마산	550
EC0005	700203-2058556	이미라	산업디자인부	과장	1986-11-01	010-4132-5412	부산	510
EC0006	761026-1025057	김민준	NULL	NULL	1992-03-01	010-8495-7890	울산	450
EC0007	761205-1485952	서홍일	산업자동화부	부장	2009-12-01	010-2571-1080	대구	400
EC0008	700409-1895233	최무선	신소재개발부	과장	2008-03-01	010-4512-8520	부산	510
EC0009	770107-1463992	양현석	NULL	NULL	2022-12-01	010-4578-8410	대구	510
EC0010	640305-1285080	고근희	설계부	부장	1996-04-01	010-4896-8992	서울	500

'서홍일'의 직급이 '부장'으로 변경되었음을 확인한다.

3) 구매 의뢰(MATERIALS_LIST)에서 의뢰 단가(m_cost)를 모두 1.2배 인상한다.

UPDATE MATERIALS_LIST SET m_cost = m_cost * 1.2;

SELECT * FROM MATERIALS_LIST;

order_no	m_no	m_name	m_standard	m_unit	p_no	m_qty	m_cost	m_price	dept_no	e_no
1	MC0203	아두이노	ARDUINO(UNO, BM)	개	MN0005	3	72000	180000	DN0002	EC0002
2	MC0203	아두이노	ARDUINO(UNO, CAR_V2.0)	개	MN0005	3	108000	270000	DN0002	EC0006
3	MC0203	PLC일체형	LS산전(glofa:GM7)	개	MN0005	1	300000	250000	DN0004	EC0010
4	MC0203	ac케이블	ac케이블(두께1.2mm, 10m)	m	MN0005	1	2160	1800	DN0002	EC0002
5	MC0203	ac케이블	ac케이블(두께1.6mm, 10m)	m	MN0005	1	2160	1800	DN0002	EC0006
6	MC0203	AVR	atmega(853516PU, DIP)	개	MN0005	1	36000	30000	DN0002	EC0002
7	MC0202	건전지	알카라인(AA)	개	MN0006	30	1320	33000	DN0002	EC0002
8	MC0202	마이크로프로세서	ARDUINO(UNO, R3)	개	MN0009	5	12000	50000	DN0005	EC0004
9	MC0203	만능기판	에폭시(2.54mm, 40x50)	개	MN0009	50	12000	500000	DN0002	EC0003
10	MC0401	키보드	일반형(PS2/USB)	개	MN0007	20	8400	140000	DN0002	EC0006

전체의 의뢰 단가가 1.2배 인상되어 변경되었음을 확인한다.

TIP! 갱신 시 외래키와 관련된 오류 발생 시

```
SET FOREIGN_KEY_CHECKS = 0;
```

억지로 변경하는 것이기 때문에 관련된 데이터가 바뀌어 있어야 한다.

TIP! 외래키와 관련된 테이블도 같이 자동 변경되도록 설정

1. 외래키 제약 조건을 삭제

```
ALTER TABLE 테이블명 DROP FOREIGN KEY 외래키명;
```

2. ALTER TABLE 테이블명

```
ADD CONSTRANT 외래키명 FOREIGN KEY(필드명)
    REFERENCE 테이블명(열 이름)
    ON UPDATE CASCADE;
```

3. 데이터 조회(SELECT)

데이터의 조회는 테이블을 검색하기 위한 명령으로 SQL에서 가장 많이 사용한다.

```
SELECT [ ALL ¦ DISTINCT ] 속성 이름(들) [ AS 제목_리스트 ]
   FROM        테이블명(들)
   [ WHERE     검색 조건(들) ]
   [ GROUP BY 속성 이름 ]
   [ HAVING    검색 조건(들) ]
   [ ORDER BY 속성 이름 [ ASC ¦ DESC ]  ];
```

명령어	의미
ALL	모든 결과 검색(중복을 포함한다.)
DISTINCT	중복을 제거한 속성 결과 검색
AS	검색 결과의 제목을 지정하는 명령
WHERE	조건을 지정하는 명령
GROUP BY	그룹별 검색 기능을 하는 명령
HAVING	GROUP BY에 조건을 추가한 명령
ORDER BY	결과를 정렬하여 보여 주는 명령
ASC	오름차순으로 정렬, 생략 시 기본값, ascending의 약자
DESC	내림차순으로 정렬, descending의 약자

[표 4-16] SELECT 명령의 옵션 기능

1) 단일 테이블에서의 검색

데이터 검색 시 그 대상이 하나인 테이블에서의 검색이다.

(1) 구매 의뢰(MATERIALS_LIST) 테이블의 모든 열을 검색한다.

```
SELECT * FROM MATERIALS_LIST;
```

　　　* : wildcard로 모든(all)을 의미한다.

order_no	m_no	m_name	m_standard	m_unit	p_no	m_qty	m_cost	m_price	dept_no	e_no
1	MC0203	아두이노	ARDUINO(UNO, BM)	개	MN0005	3	72000	180000	DN0002	EC0002
2	MC0203	아두이노	ARDUINO(UNO, CAR_V2.0)	개	MN0005	3	108000	270000	DN0002	EC0006
3	MC0203	PLC일체형	LS산전(glofa:GM7)	개	MN0005	1	300000	250000	DN0004	EC0010
4	MC0203	ac케이블	ac케이블(두께1.2mm, 10m)	m	MN0005	1	2160	1800	DN0002	EC0002
5	MC0203	ac케이블	ac케이블(두께1.6mm, 10m)	m	MN0005	1	2160	1800	DN0002	EC0006
6	MC0203	AVR	atmega(853516PU, DIP)	개	MN0005	1	36000	30000	DN0002	EC0002
7	MC0202	건전지	알카라인(AA)	개	MN0006	30	1320	33000	DN0002	EC0002
8	MC0202	마이크로프로세서	ARDUINO(UNO, R3)	개	MN0009	5	12000	50000	DN0005	EC0004
9	MC0203	만능기판	에폭시(2.54mm, 40x50)	개	MN0009	50	12000	500000	DN0002	EC0003
10	MC0401	키보드	일반형(PS2/USB)	개	MN0007	20	8400	140000	DN0002	EC0006

(2) 구매 의뢰(MATERIALS_LIST) 테이블의 부서 번호(dept_no)를 검색한다.

```
SELECT dept_no FROM MATERIALS_LIST;
```

dept_no
DN0002
DN0002
DN0002
DN0002
DN0002
DN0002
DN0002
DN0002
DN0004
DN0005

부서 번호가 중복되어 검색된다.

(3) 출력하는 개수를 제한하여 검색 – LIMIT

구매 의뢰(MATERIALS_LIST) 테이블의 부서 번호(dept_no)를 검색한다.
(단, 출력은 5건만 검색)

```
SELECT dept_no FROM MATERIALS_LIST LIMIT 5;
```

dept_no
DN0002
DN0002
DN0002
DN0002
DN0002

5건으로 출력을 제한했다. 'LIMIT 시작, 개수'의 형태로도 사용할 수 있다.

(4) 구매 의뢰(MATERIALS_LIST) 테이블의 부서 번호(dept_no)를 검색한다.
(단, 중복을 제거하고 출력하라)

```
SELECT DISTINCT dept_no FROM MATERIALS_LIST;
```

dept_no
DN0002
DN0004
DN0005

중복을 제거하고 출력되는 것을 확인할 수 있다.

(5) 사원(EMPLOYEE) 테이블에서 최근에 입사한 순서대로 사원번호(e_no), 주민번호(e_
jumin), 이름(e_name), 입사일(e_date)을 검색한다.

```
SELECT e_no, e_jumin, e_name, e_date
    FROM EMPLOYEE ORDER BY e_date DESC;
```

e_no	e_jumin	e_name	e_date
EC0009	770107-1463992	양현석	2022-12-01
EC0007	761205-1485952	서홍일	2009-12-01
EC0008	700409-1895233	최무선	2008-03-01
EC0010	640305-1285080	고근희	1996-04-01
EC0006	761026-1025057	김민준	1992-03-01
EC0005	700203-2058556	이미라	1986-11-01
EC0002	680602-1095822	안재환	1984-12-01
EC0003	691215-1195774	박동진	1984-12-01
EC0004	611115-1058555	이재황	1982-02-01
EC0001	580201-1952000	김명수	1973-01-02

최근에 입사한 순서이므로 내림차순(descending)으로 정렬되어 검색된다.

(6) 사원(EMPLOYEE) 테이블에서 이름(e_name)순으로 사원번호(e_no), 주민번호(e_
jumin), 이름(e_name)을 검색한다.

```
SELECT e_no, e_jumin, e_name
    FROM EMPLOYEE ORDER BY e_name;
```

e_no	e_jumin	e_name
EC0010	640305-1285080	고근희
EC0001	580201-1952000	김명수
EC0006	761026-1025057	김민준
EC0003	691215-1195774	박동진
EC0007	761205-1485952	서홍일
EC0002	680602-1095822	안재환
EC0009	770107-1463992	양현석
EC0005	700203-2058556	이미라
EC0004	611115-1058555	이재황
EC0008	700409-1895233	최무선

이름순으로 정렬되어 검색된다.

(7) 사원(EMPLOYEE) 테이블에서 주민번호(e_jumin)의 역순으로 사원번호(e_no), 주민번호(e_jumin), 이름(e_name)을 검색한다.

```
SELECT e_no, e_jumin, e_name
    FROM EMPLOYEE ORDER BY e_jumin DESC;
```

	e_no	e_jumin	e_name
▶	EC0009	770107-1463992	양현석
	EC0007	761205-1485952	서홍일
	EC0006	761026-1025057	김민준
	EC0008	700409-1895233	최무선
	EC0005	700203-2058556	이미라
	EC0003	691215-1195774	박동진
	EC0002	680602-1095822	안재환
	EC0010	640305-1285080	고근희
	EC0004	611115-1058555	이재황
	EC0001	580201-1952000	김명수

주민등록번호의 역순으로 검색된다.

2) WHERE 조건을 지정한 검색

데이터 검색 시 특정 조건을 만족하는 데이터를 검색하기 위해 사용한다.

(1) 부서(DEPARTMENT) 테이블에서 위치(location)가 'A002'인 부서명을 검색한다.

```
SELECT dept_name FROM DEPARTMENT
    WHERE location='A002';
```

	dept_name
▶	정보통신부

(2) 사원(EMPLOYEE) 테이블에서 주소(e_address)가 '울산'인 사원의 사원번호(e_no)와 이름(e_name), 전화(e_tel) 번호를 검색한다.

```
SELECT e_no, e_name, e_tel, e_address
    FROM EMPLOYEE WHERE e_address='울산';
```

	e_no	e_name	e_tel	e_address
▶	EC0002	안재환	010-4789-2630	울산
	EC0006	김민준	010-8495-7890	울산

(3) 구매 의뢰(MATERIALS_LIST) 테이블에서 재료코드(m_no)가 'MC02'로 시작하는 재료명(m_name)과 규격(m_standard)을 검색한다.

(단, 제목을 재료코드, 재료명, 규격이라고 출력)

```
SELECT m_no 재료코드, m_name 재료명, m_standard 규격
    FROM MATERIALS_LIST WHERE m_no like 'MC02%';
```

	재료코드	재료명	규격
▶	MC0203	아두이노	ARDUINO(UNO, BM)
	MC0203	아두이노	ARDUINO(UNO, CAR_V2.0)
	MC0203	PLC일체형	LS산전(glofa:GM7)
	MC0203	ac케이블	ac케이블(두께1.2mm, 10m)
	MC0203	ac케이블	ac케이블(두께1.6mm, 10m)
	MC0203	AVR	atmega(853516PU, DIP)
	MC0202	건전지	알카라인(AA)
	MC0202	마이크로프로세서	ARDUINO(UNO, R3)
	MC0203	만능기판	에폭시(2.54mm, 40x50)

'%' 기호는 와일드 문자로서 여러 글자를 대신할 수 있다.

재료코드에서 'MC02'로 시작하는 모든 문자를 검색한다.

(4) 부서(DEPARTMENT) 테이블에서 부서명(dept_name)에 '자동화'가 포함되어 있는 부서의 부서코드(dept_no)와 부서명(dept_name)을 검색한다.

(단, 제목은 부서코드와 부서명으로 한다.)

```
SELECT dept_no 부서코드, dept_name 부서명
     FROM DEPARTMENT WHERE dept_name like '%자동화%';
```

부서 코드	부서명
▶ DN0004	자동화시스템부
DN0005	산업자동화

'%자동화%'란 앞뒤로 자동화가 포함된 모든 문자를 말한다.

(5) 관계 연산자의 사용

① **사원(EMPLOYEE) 테이블에서 급여(e_sal)가 500 이상이고 주소가 '울산'인 사원의 사원번호 (e_no)와 이름(e_name)을 조회한다.**

```
SELECT e_no, e_name  FROM EMPLOYEE
     WHERE e_sal >= 500 AND e_address='울산';
```

e_no	e_name
▶ EC0002	안재환

관계 연산자 AND는 '그리고', '~면서'의 의미이고 OR은 '혹은', '또는', '~거나' 등의 의미이며 이외에도 부정의 의미인 NOT이 있다.

조건 연산자로는 =, <, >, <=, >=, <>, != 등이 있다.

② 주소가 '울산'이 아닌 사원을 검색한다.

```
SELECT e_no, e_name, e_address   FROM EMPLOYEE
     WHERE e_address<>'울산';
```

e_no	e_name	e_address
▶ EC0001	김명수	부산
EC0003	박동진	창원
EC0004	이재황	마산
EC0005	이미라	부산
EC0007	서홍일	대구
EC0008	최무선	부산
EC0009	양현석	대구
EC0010	고근희	서울

(6) BETWEEN ~ AND와 IN(), LIKE의 연산

① 사원(EMPLOYEE) 테이블에서 급여가 450~500 사이인 사원을 조회한다.

```
SELECT e_no, e_name, dept_name, e_sal FROM EMPLOYEE
     WHERE e_sal BETWEEN 450 AND 500;
```

e_no	e_name	dept_name	e_sal
▶ EC0001	김명수	산업디자인부	500
EC0006	김민준	NULL	450
EC0010	고근희	설계부	500

급여가 450 ~ 500 사이인 사원이 검색된다.

② 사원(EMPLOYEE) 테이블에서 주소가 '서울', '부산', '울산'인 사원을 검색한다.

```
SELECT e_name, e_address FROM EMPLOYEE
       WHERE e_address='서울' OR e_address='부산' OR e_address='울산';
```

	e_name	e_address
▶	김명수	부산
	안재환	울산
	이미라	부산
	김민준	울산
	최무선	부산
	고근희	서울

③ 위 ②를 OR을 사용하지 않고 같은 의미인 IN()을 사용해서 조회한다.

```
SELECT e_name, e_address FROM EMPLOYEE
       WHERE e_address IN('서울', '부산', '울산');
```

	e_name	e_address
▶	김명수	부산
	안재환	울산
	이미라	부산
	김민준	울산
	최무선	부산
	고근희	서울

위와 동일한 결과를 검색한다.

(7) 문자열의 내용을 검색

① 부서(DEPARTMENT) 테이블에서 부서장이 '김씨' 혹은 '이씨'인 사원을 검색한다.

```
SELECT * FROM DEPARTMENT
    WHERE head like '김%' or head like '이%';
```

dept_no	dept_name	head	dept_tel	location
▶ DN0001	산업디자인부	김명수	456-8963	D001
DN0005	산업자동화	이재황	258-7966	B003

성씨가 '김' 혹은 '이'인 사원을 검색한다.

② 사원(EMPLOYEE) 테이블에서 성은 모르겠고 이름이 '미희'인 사원을 조회한다.

```
SELECT e_no, e_name FROM EMPLOYEE
    WHERE e_name like '_미라';
```

e_no	e_name
▶ EC0005	이미라

like 다음에 사용한 '_' 기호는 와일드 문자로서 한 글자와 매치하기 위해 사용한다. 즉 첫 번째 글자는 아무 문자가 와도 되고 나머지가 '미라'인 사원을 검색하는 것이다.

📊 4.   데이터 삭제(DELETE)

테이블의 데이터를 행 단위로 삭제하기 위해서 사용한다.

```
DELETE FROM 테이블명 [ WHERE 조건 ];
```

1) 실습을 위하여 새로운 테이블을 생성한다.

```
CREATE TABLE STUDENT (
    id tinyint(4) PRIMARY KEY,
    name char(5) NOT NULL,
    sex enum('M','F') NOT NULL,
    address varchar(30) NOT NULL,
    birthday date NOT NULL
    );
```

2) 데이터를 삽입한다.

```
INSERT INTO STUDENT
        VALUES (1, '김상경', 'M', '제주', 791124);
```

```
INSERT INTO STUDENT
        VALUES (2, '최백호', 'M', '전주', 871116);
```

```
INSERT INTO STUDENT
      VALUES (3, '강상희', 'F', '서울', 990206);


INSERT INTO STUDENT
      VALUES (4, '김마린', 'M', '부산', 871205);


INSERT INTO STUDENT
      VALUES (5, '박유찬', 'M', '울산', 881214);


INSERT INTO STUDENT
      VALUES (6, '사마천', 'M', '중국', 671205);


INSERT INTO STUDENT
      VALUES (7, '류상순', 'F', '중국', 790514);


INSERT INTO STUDENT
      VALUES (8, '이순신', 'M', '남원', 920712);


SELECT * FROM STUDENT;
```

id	name	sex	address	birthday
1	김상경	M	제주	1979-11-24
2	최백호	M	전주	1987-11-16
3	강상희	F	서울	1999-02-06
4	김마린	M	부산	1987-12-05
5	박유찬	M	울산	1988-12-14
6	사마천	M	중국	2067-12-05
7	류상순	F	중국	1979-05-14
8	이순신	M	남원	1992-07-12

3) 학생(STUDENT) 테이블에서 주소(address)가 '중국'인 학생을 삭제한다.

```
DELETE FROM STUDENT WHERE address = '중국';
```

	id	name	sex	address	birthday
▶	1	김상경	M	제주	1979-11-24
	2	최백호	M	전주	1987-11-16
	3	강상회	F	서울	1999-02-06
	4	김마린	M	부산	1987-12-05
	5	박유찬	M	울산	1988-12-14
	8	이순신	M	남원	1992-07-12

4) 학생(STUDENT) 테이블에서 김씨 성을 가진 학생을 삭제한다.

```
DELETE FROM STUDENT WHERE name like '김%';
```

```
SELECT * FROM STUDENT;
```

	id	name	sex	address	birthday
▶	2	최백호	M	전주	1987-11-16
	3	강상회	F	서울	1999-02-06
	5	박유찬	M	울산	1988-12-14
	8	이순신	M	남원	1992-07-12

5) 학생(STUDENT) 테이블에서 id가 '3'인 학생을 삭제한다.

```
DELETE FROM STUDENT WHERE id=3;
```

	id	name	sex	address	birthday
▶	2	최백호	M	전주	1987-11-16
	5	박유찬	M	울산	1988-12-14
	8	이순신	M	남원	1992-07-12

6) 학생(STUDENT) 테이블에서 87년생을 삭제한다.

```
DELETE FROM STUDENT WHERE year(birthday)=1987;
```

	id	name	sex	address	birthday
▶	5	박유찬	M	울산	1988-12-14
	8	이순신	M	남원	1992-07-12

7) 학생(STUDENT) 테이블의 모든 튜플을 삭제한다.

```
DELETE FROM STUDENT;
```

	id	name	sex	address	birthday
*	NULL	NULL	NULL	NULL	NULL

모든 튜플이 삭제되었다.

TIP! DROP TABLE과 DELETE명령의 차이

DROP TABLE 명령은 테이블 자체를 삭제하는 명령이고 DELETE 명령은 테이블의 내용만을 삭제한다.

연습문제

1. BookStore 테이블에 아래와 같이 삽입한다.

```
INSERT INTO BookStore
        VALUES ( 1001, '만들어진 신', '김영사', 18000, '978-89-6587-134'),
               ( 1002, '지상 최대의 쇼', '김영사', 20000, '111-11-1111-111'),
               ( 1003, '코스모스', '사이언스', 17000, '222-22-2222-222'),
               ( 1004, '촘스키, 세상의 물음에 답하다', '시대창', 12000,
                '333-33-3333-333'),
               ( 1005, '정의란 무엇인가', '김영사', 15000,'444-44-4444-444');


SELECT * FROM BookStore;
```

	b_id	b_name	publisher	price	isbn
▶	1001	만들어진 신	김영사	18000	978-89-6587-134
	1002	지상최대의 쇼	김영사	20000	111-11-1111-111
	1003	코스모스	사이언스	17000	222-22-2222-222
	1004	촘스키, 세상의 물음에 답하다	시대창	12000	333-33-3333-333
	1005	정의란 무엇인가	김영사	15000	444-44-4444-444

2. b_id '1001'의 가격(price)을 15,000원으로 수정한다.

```
UPDATE BookStore SET price=15000 WHERE b_id='1001';
```

```
SELECT * FROM BookStore;
```

b_id	b_name	publisher	price	isbn
1001	만들어진 신	김영사	15000	978-89-6587-134
1002	지상최대의 쇼	김영사	20000	111-11-1111-111
1003	코스모스	사이언스	17000	222-22-2222-222
1004	촘스키, 세상의 물음에 답하다	시대창	12000	333-33-3333-333
1005	정의란 무엇인가	김영사	15000	444-44-4444-444

3. 도서(BookStore) 테이블에서 출판사(publisher)별 개수를 검색한다.

```
SELECT publisher, count(publisher)
     FROM BookStore GROUP BY publisher;
```

publisher	count(publisher)
김영사	3
사이언스	1
시대창	1

각 출판사별 개수를 검색한다.

4. 도서번호(b_id) '1004'의 도서명을 검색한다.

```
SELECT b_id '도서번호', b_name '도서명'

    FROM BookStore  WHERE b_id='1004';
```

도서 번호	도서명
▶ 1004	촘스키, 세상의 물음에 답하다

5. 금액이 15,000 ~ 18,000 사이의 도서를 검색한다.

```
SELECT b_id '도서번호', b_name '도서명'

    FROM BookStore  WHERE price BETWEEN 15000 AND 18000;
```

도서 번호	도서명
▶ 1001	만들어진 신
1003	코스모스
1005	정의란 무엇인가

6. 도서(BookStore) 테이블에서 전체 도서의 총합계와 평균을 검색한다.

```
SELECT sum(price) '총합계', round(avg(price),0) '총평균'

    FROM BookStore;
```

총합계	총평균
▶ 79000	15800

7. 출판사(publisher)가 '김영사'이거나 '사이언스'인 것을 검색하라.

```
SELECT * FROM BookStore
        WHERE publisher IN('김영사', '사이언스');
```

	b_id	b_name	publisher	price	isbn
▶	1001	만들어진 신	김영사	15000	978-89-6587-134
	1002	지상최대의 쇼	김영사	20000	111-11-1111-111
	1003	코스모스	사이언스	17000	222-22-2222-222
	1005	정의란 무엇인가	김영사	15000	444-44-4444-444

IN()은 'OR' 개념으로 출판사가 '김영사' 혹은 '사이언스'인 것을 검색한다.

8. 중복을 제거한 총 출판사의 수를 검색한다.

```
SELECT COUNT(DISTINCT publisher) '총 출판사 수' FROM BookStore;
```

	총 출판사 수
▶	3

PART 3

SQL 고급 문법

chapter 5. 조인(JOIN)

chapter 6. 서브 쿼리(Sub Query)

chapter 7. 집계 함수와 그룹화(GROUP BY)

01. 다양한 조인(JOIN) 기법

테이블 간의 관계를 이용해 여러 테이블을 결합하여 마치 하나의 테이블처럼 결과를 나타낼 수 있다. 데이터의 양이 증가함에 따라 하나의 테이블에 모든 정보를 담기 어려워지면서 테이블을 나누고 테이블 간의 관계를 설정하게 된다. 일반적으로 JOIN은 기본키와 외래키의 관계에 의해 성립하지만, 경우에 따라 논리적 값들의 연관성만으로도 JOIN이 가능하다. 세 개 이상의 테이블이 관련이 있을 경우 FROM 절에 나열되더라도 SQL은 특정 두 개의 테이블을 먼저 JOIN 처리한 후, 그 결과 집합과 나머지 테이블을 순차적으로 JOIN하여 데이터를 처리한다.

JOIN의 일반적인 형식이다.

```
SELECT 테이블1.칼럼명, 테이블2.칼럼명, ....
   FROM 테이블1 [ INNER ] JOIN 테이블2
     ON 테이블1.칼럼명1 = 테이블2.칼럼명2;

     ON 절에 JOIN 조건을 넣는다.
```

📇 1.　내부조인(INNER JOIN)

JOIN은 두 개의 테이블 모두에서 데이터가 있는 행만을 결과로 반환한다. 이는 기본적인 JOIN 옵션이므로 별도의 명시가 필요 없지만, 반드시 USING 또는 ON 조건절을 사용해야 한다. 또한, CROSS JOIN이나 OUTER JOIN과는 함께 사용할 수 없다.

1) 부서(DEPARTMENT) 테이블과 구매 의뢰(MATERIALS_LIST) 테이블에서 구매 의뢰한 부서코드를 이용하여 부서코드(dept_no), 재료명(m_name), 의뢰 금액(m_price), 부서명(dept_name)을 검색한다.

부서(DEPARTMENT)

부서코드	부서명	부서장	전화	위치
dept_no	dept_name	head	dept_tel	location
DN0001	산업디자인부	김명수	456-8963	D001
DN0002	정보통신부	안재환	290-1590	A002
DN0003	신소재부	신기정	536-8963	A003
DN0004	자동화시스템부	고근희	523-8963	B002
DN0005	산업자동화부	이재황	258-7963	B003
DN0006	설계부	양현석	523-5698	B001
DN0007	전기전자부	하태종	745-8233	A003
DN0008	사물인터넷부	정유석	451-5900	C002

INNER JOIN

부서코드	재료명	의뢰금액	부서명
dept_no	m_name	m_price	dept_name
DN0002	아두이노	180000	정보통신부
DN0002	아두이노	270000	정보통신부
DN0002	ac케이블	1800	정보통신부
DN0002	ac케이블	1800	정보통신부
DN0002	AVR	30000	정보통신부
DN0004	PLC일체형	250000	자동화시스템부
:			
DN0008	아두이노	700000	사물인터넷부

의뢰순번	재료코드	재료명	규격	단위	제품번호	수량	의뢰단가	의뢰금액	부서코드	의뢰차
order_no	m_no	m_name	m_standard	m_unit	p_no	m_qty	m_cost	m_price	dept_no	e_no
1	MC0203	아두이노	ARDUINO(UNO, BM)	개	MN0005	3	60000		DN0002	EC0002
2	MC0203	아두이노	ARDUINO(UNO, CAR_V2.0)	개	MN0005	3	90000		DN0002	EC0006
3	MC0203	PLC일체형	LS산전(glofa:GM7)	개	MN0005	1	250000		DN0004	EC0011
4	MC0203	ac케이블	ac케이블(두께1.2mm, 10m)	m	MN0005	1	1800		DN0002	EC0002
5	MC0203	ac케이블	ac케이블(두께1.6mm, 10m)	m	MN0005	1	1800		DN0002	EC0006
6	MC0203	AVR	atmega(853516PU, DIP)	개	MN0005	1	30000		DN0002	EC0002

구매의뢰(MATERIALS_LIST)

```
SELECT d.dept_no, m_name, m_price, dept_name

    FROM DEPARTMENT d INNER JOIN MATERIALS_LIST m

    ON d.dept_no = m.dept_no;
```

dept_no	m_name	m_price	dept_name
▶ DN0002	아두이노	180000	정보통신부
DN0002	아두이노	270000	정보통신부
DN0004	PLC일체형	250000	자동화시스템부
DN0002	ac케이블	1800	정보통신부
DN0002	ac케이블	1800	정보통신부
DN0002	AVR	30000	정보통신부
DN0002	건전지	33000	정보통신부
DN0005	마이크로프로세서	50000	산업자동화
DN0002	만능기판	500000	정보통신부
DN0002	키보드	140000	정보통신부

두 개의 테이블을 결합하여 부서코드가 일치하는 튜플을 추출해 냈다.

2) 실습용 테이블을 다음과 같이 준비한다.

(1) 사원(EMP) 테이블 생성

사원(EMP)			
사원번호	이름	부서코드	직급
e_no	e_name	dept_no	grade
EC0001	김명수	DN0001	부장
EC0002	안재환	DN0002	부장
EC0003	박동진	DN0002	과장
EC0004	이재황	DN0005	부장
EC0005	이미라	DN0001	과장
EC0006	김민준	DN0002	
EC0007	서홍일	DN0005	대리
EC0008	최무선	DN0003	과장
EC0009	양현석	DN0006	
EC0010	고근희	DN0004	부장

```
CREATE TABLE EMP AS

    SELECT e_no, e_name, d.dept_no, grade

    FROM EMPLOYEE e JOIN DEPARTMENT d

    WHERE e.dept_name = d.dept_name;


SELECT * FROM EMP;
```

e_no	e_name	dept_no	grade
EC0001	김명수	DN0001	부장
EC0002	안재환	DN0002	부장
EC0003	박동진	DN0002	과장
EC0005	이미라	DN0001	과장
EC0010	고근희	DN0006	부장

(2) 부서(DEPT) 테이블 생성

부서(DEPT)		
부서코드	부서명	위치
dept_no	dept_name	location
DN0001	산업디자인부	D001
DN0002	정보통신부	A002
DN0003	신소재부	A003
DN0004	자동화시스템부	B002
DN0005	산업자동화부	B003
DN0006	설계부	B001
DN0007	전기전자부	A003
DN0008	사물인터넷부	C002

```
CREATE TABLE DEPT AS

        SELECT dept_no, dept_name, location FROM DEPARTMENT;
```

```
SELECT * FROM DEPT;
```

	dept_no	dept_name	location
▶	DN0001	산업디자인부	D001
	DN0002	정보통신부	A002
	DN0003	신소재부	A003
	DN0004	자동화시스템부	B002
	DN0005	산업자동화	B003
	DN0006	설계부	B001
	DN0007	전기전자부	A003
	DN0008	사물인터넷부	D002

(3) 소속 부서코드와 사원 번호, 사원 이름, 소속 부서명을 검색한다.

```
SELECT EMP.dept_no, e_no, e_name, dept_name

        FROM EMP INNER JOIN DEPT

        ON EMP.dept_no = DEPT.dept_no;
```

	dept_no	e_no	e_name	dept_name
▶	DN0001	EC0005	이미라	산업디자인부
	DN0001	EC0001	김명수	산업디자인부
	DN0002	EC0003	박동진	정보통신부
	DN0002	EC0002	안재환	정보통신부
	DN0006	EC0010	고근희	설계부

두 개의 테이블을 결합하여 부서코드가 모두 일치하는 튜플을 추출해 냈다.

📊 2. 자연조인(NATURE JOIN)

두 테이블 간의 동일한 이름을 갖는 모든 칼럼들에 대해 수행한다.
USING 조건절이나 ON 조건절, WHERE 절은 JOIN 조건에서 정의할 수 없다.

1) NATURE JOIN

(1) 소속 부서코드와 사원번호, 사원 이름, 소속 부서명을 검색한다.

```
SELECT dept_no, e_no, e_name, dept_name
    FROM EMP NATURAL JOIN DEPT;
```

	dept_no	e_no	e_name	dept_name
▶	DN0001	EC0005	이미라	산업디자인부
	DN0001	EC0001	김명수	산업디자인부
	DN0002	EC0003	박동진	정보통신부
	DN0002	EC0002	안재환	정보통신부
	DN0006	EC0010	고근희	설계부

두 개의 테이블을 결합하여 부서코드가 일치하는 튜플을 추출해 냈다.

(2) 칼럼명 자리에 *를 하면 NATURAL JOIN은 같은 이름의 칼럼은 하나로 취급하며, 기준이 되는 칼럼들이 다른 칼럼보다 먼저 출력된다.

```
SELECT * FROM EMP NATURAL JOIN DEPT;
```

	dept_no	e_no	e_name	grade	dept_name	location
▶	DN0001	EC0005	이미라	과장	산업디자인부	D001
	DN0001	EC0001	김명수	부장	산업디자인부	D001
	DN0002	EC0003	박동진	과장	정보통신부	A002
	DN0002	EC0002	안재환	부장	정보통신부	A002
	DN0006	EC0010	고근희	부장	설계부	B001

(3) 실습을 위해서 다음과 같은 테이블을 준비한다.

① 부서_임시(DEPT_TMP) 테이블 생성

부서(DEPT)			부서(DEPT-TMP)		
부서코드	부서명	위치	부서코드	부서명	위치
dept_no	dept_name	location	dept_no	dept_name	location
DN0001	산업디자인부	D001	DN0001	산업융합디자인부	D001
DN0002	정보통신부	A002	DN0002	ICT정보통신부	A002
DN0003	신소재부	A003	DN0003	신소재부	A003
DN0004	자동화시스템부	B002	DN0004	자동화시스템부	B002
DN0005	산업자동화부	B003	DN0005	산업자동화부	B003
DN0006	설계부	B001	DN0006	설계부	B001
DN0007	전기전자부	A003	DN0007	전기전자부	A003
DN0008	사물인터넷부	C002	DN0008	IoT부	C002

```
CREATE TABLE DEPT_TMP AS
        SELECT * FROM DEPT;


SELECT * FROM DEPT_TMP;
```

	dept_no	dept_name	location
▶	DN0001	산업디자인부	D001
	DN0002	정보통신부	A002
	DN0003	신소재부	A003
	DN0004	자동화시스템부	B002
	DN0005	산업자동화	B003
	DN0006	설계부	B001
	DN0007	전기전자부	A003
	DN0008	사물인터넷부	D002

② 부서명 내용 변경

```
UPDATE DEPT_TMP SET dept_name = '산업융합디자인부'
       WHERE dept_no = 'DN0001';


UPDATE DEPT_TMP SET dept_name = 'ICT정보통신부'
       WHERE dept_no = 'DN0002';


UPDATE DEPT_TMP SET dept_name = 'IoT부'
       WHERE dept_no = 'DN0008';


SELECT * FROM DEPT_TMP;
```

dept_no	dept_name	location
DN0001	산업융합디자인부	D001
DN0002	ICT정보통신부	A002
DN0003	신소재부	A003
DN0004	자동화시스템부	B002
DN0005	산업자동화	B003
DN0006	설계부	B001
DN0007	전기전자부	A003
DN0008	IoT부	D002

③ DEPT와 DEPT_TMP 테이블을 INNER JOIN 한다.

```
SELECT * FROM  DEPT
        INNER JOIN DEPT_TMP  ON  DEPT.dept_no = DEPT_TMP.dept_no
        AND DEPT.dept_name = DEPT_TMP.dept_name
        AND DEPT.location = DEPT_TMP.location;
```

dept_no	dept_name	location	dept_no	dept_name	location
▶ DN0003	신소재부	A003	DN0003	신소재부	A003
DN0004	자동화시스템부	B002	DN0004	자동화시스템부	B002
DN0005	산업자동화	B003	DN0005	산업자동화	B003
DN0006	설계부	B001	DN0006	설계부	B001
DN0007	전기전자부	A003	DN0007	전기전자부	A003

부서명(dept_name)의 내용이 바뀐 부서코드(dept_no)는 결과에서 제외한다.

사용된 같은 이름의 칼럼을 2개의 칼럼으로 각각 표시한다.

④ DEPT와 DEPT_TMP 테이블을 NATURAL JOIN 한다.


```
SELECT * FROM DEPT
        NATURAL JOIN DEPT_TMP;
```

dept_no	dept_name	location
▶ DN0003	신소재부	A003
DN0004	자동화시스템부	B002
DN0005	산업자동화	B003
DN0006	설계부	B001
DN0007	전기전자부	A003

부서명(dept_name)의 내용이 바뀐 부서코드(dept_no)는 결과에서 제외한다.

사용된 같은 이름의 칼럼을 하나의 칼럼으로 표시한다.

2) USING 조건절

 NATURAL JOIN은 동일한 이름을 가진 모든 칼럼을 기준으로 조인이 이루어진다. 그러나 동일한 이름을 가진 칼럼 중에서 특정 칼럼만을 선택하여 검색할 수 있다. NATURAL JOIN에서는 테이블 이름이나 별명(ALIAS)을 접두사로 사용할 수 없다.

(1) 같은 dept_no를 가진 DEPT와 DEPT_TMP 테이블을 USING 조건절로 검색한다.

```
SELECT * FROM DEPT
        JOIN DEPT_TMP USING (dept_no);
```

dept_no	dept_name	location	dept_name	location
DN0001	산업디자인부	D001	산업융합디자인부	D001
DN0002	정보통신부	A002	ICT정보통신부	A002
DN0003	신소재부	A003	신소재부	A003
DN0004	자동화시스템부	B002	자동화시스템부	B002
DN0005	산업자동화	B003	산업자동화	B003
DN0006	설계부	B001	설계부	B001
DN0007	전기전자부	A003	전기전자부	A003
DN0008	사물인터넷부	D002	IoT부	D002

 모든 칼럼(*)을 지정하여 별도로 칼럼 순서를 지정하지 않으면 USING 조건절의 기준이 되는 칼럼이 첫 칼럼에 출력된다.

(2) 부서명(dept_name)이 변경되었던 칼럼을 기준으로 INNER JOIN의 USING 조건절을 수행한다.

```
SELECT * FROM DEPT
        INNER JOIN DEPT_TMP USING (dept_name);
```

	dept_name	dept_no	location	dept_no	location
▶	신소재부	DN0003	A003	DN0003	A003
	자동화시스템부	DN0004	B002	DN0004	B002
	산업자동화	DN0005	B003	DN0005	B003
	설계부	DN0006	B001	DN0006	B001
	전기전자부	DN0007	A003	DN0007	A003

변경된 튜플은 제외되었으며 USING 조건절에서 사용한 기준 열이 첫 칼럼에 출력되었고 같은
칼럼이 반복해서 나타난다.

(3) 세 개의 칼럼이 모두 같은 테이블(DEPT, DEPT_TMP)을 위치(locatin)와 부서코드
(dept_no) 2개 칼럼을 이용한 INNER JOIN 조건절로 검색한다.

```
SELECT * FROM  DEPT JOIN DEPT_TMP
        USING (dept_no, location);
```

	dept_no	location	dept_name	dept_name
▶	DN0001	D001	산업디자인부	산업융합디자인부
	DN0002	A002	정보통신부	ICT정보통신부
	DN0003	A003	신소재부	신소재부
	DN0004	B002	자동화시스템부	자동화시스템부
	DN0005	B003	산업자동화	산업자동화
	DN0006	B001	설계부	설계부
	DN0007	A003	전기전자부	전기전자부
	DN0008	D002	사물인터넷부	IoT부

모든 컬럼(*)을 지정하여 별도로 칼럼 순서를 지정하지 않으면 USING 조건절의 기준이 되는 칼
럼이 먼저 출력되고, 나머지 칼럼은 두 개의 칼럼으로 표시된다.

(4) 세 개의 칼럼이 모두 같은 테이블(DEPT, DEPT_TMP)을 부서코드(dept_no)와 부서명
 (dept_name) 칼럼을 이용한 INNER JOIN 조건절로 검색한다.

```
SELECT * FROM  DEPT JOIN DEPT_TMP
        USING (dept_no, dept_name);
```

	dept_no	dept_name	location	location
▶	DN0003	신소재부	A003	A003
	DN0004	자동화시스템부	B002	B002
	DN0005	산업자동화	B003	B003
	DN0006	설계부	B001	B001
	DN0007	전기전자부	A003	A003

변경된 튜플은 제외되었으며 USING 조건절에서 사용한 기준열이 첫 칼럼에 출력되었고 같은
칼럼이 반복해서 나타난다.

3) ON 조건절

임의의 JOIN 조건을 지정하거나, 이름이 다른 칼럼명을 JOIN 조건으로 사용하거나 JOIN 칼럼
을 명시하기 위해서 ON 조건절을 사용한다.

ALIAS나 테이블명 등의 접두사를 사용하여 SELECT문을 이용한 검색 시 테이블명과 칼럼명을
명확히 하여야 한다.

(1) 부서코드가 'DN0002'인 부서의 사원 이름(e_name), 소속 부서코드(dept_no), 부서명(dept_name), 직급(grade)을 검색한다. (WHERE 절 이용)

```
SELECT e.e_name, e.dept_no, d.dept_name, e.grade
    FROM  EMP e JOIN DEPT d
    ON (e.dept_no = d.dept_no)  WHERE e.dept_no='DN0002';
```

	e_name	dept_no	dept_name	grade
▶	박동진	DN0002	정보통신부	과장
	안재환	DN0002	정보통신부	부장

(2) 수불 리스트(LEDGER) 테이블과 구매 의뢰(MATERIALS_LIST) 테이블을 의뢰 번호(order_no)로 JOIN하여 재료명(m_name), 의뢰한 부서코드(dept_no), 의뢰자(e_no)를 검색하라.

① ON 조건절 이용

```
SELECT LEDGER.order_no, m_name, dept_no, e_no
    FROM LEDGER JOIN MATERIALS_LIST
    ON LEDGER.order_no = MATERIALS_LIST.order_no
    ORDER BY order_no;
```

	order_no	m_name	dept_no	e_no
▶	1	아두이노	DN0002	EC0002
	2	아두이노	DN0002	EC0006
	3	PLC일체형	DN0004	EC0010
	4	ac케이블	DN0002	EC0002
	5	ac케이블	DN0002	EC0006
	6	AVR	DN0002	EC0002
	7	건전지	DN0002	EC0002
	8	마이크로프로세서	DN0005	EC0004
	9	만능기판	DN0002	EC0003
	10	키보드	DN0002	EC0006

② USING 조건절 이용

```
SELECT order_no, m_name, dept_no, e_no
       FROM LEDGER JOIN MATERIALS_LIST
       USING (order_no)
       ORDER BY order_no;
```

order_no	m_name	dept_no	e_no
1	아두이노	DN0002	EC0002
2	아두이노	DN0002	EC0006
3	PLC일체형	DN0004	EC0010
4	ac케이블	DN0002	EC0002
5	ac케이블	DN0002	EC0006
6	AVR	DN0002	EC0002
7	건전지	DN0002	EC0002
8	마이크로프로세서	DN0005	EC0004
9	만능기판	DN0002	EC0003
10	키보드	DN0002	EC0006

③ WHERE 조건절 이용

```
SELECT LEDGER.order_no, m_name, dept_no, e_no
       FROM LEDGER, MATERIALS_LIST
       WHERE LEDGER.order_no=MATERIALS_LIST.order_no
       ORDER BY order_no;
```

order_no	m_name	dept_no	e_no
1	아두이노	DN0002	EC0002
2	아두이노	DN0002	EC0006
3	PLC일체형	DN0004	EC0010
4	ac케이블	DN0002	EC0002
5	ac케이블	DN0002	EC0006
6	AVR	DN0002	EC0002
7	건전지	DN0002	EC0002
8	마이크로프로세서	DN0005	EC0004
9	만능기판	DN0002	EC0003
10	키보드	DN0002	EC0006

4) 다중 테이블 JOIN

(1) 사원(EMP) 테이블과 부서(DEPT_TMP) 테이블의 사원코드(e_no), 부서코드(dept_no), 소속 부서명(d.dept_name), DEPT_TMP(t.dept_name)의 바뀐 부서명 정보를 검색한다.

```
SELECT e.e_no, d.dept_no, d.dept_name, t.dept_name
    FROM EMP e JOIN DEPT d
    ON (e.dept_no = d.dept_no)
    JOIN DEPT_TMP t
    ON (e.dept_no = t.dept_no);
```

e_no	dept_no	dept_name	dept_name
EC0001	DN0001	산업디자인부	산업융합디자인부
EC0005	DN0001	산업디자인부	산업융합디자인부
EC0002	DN0002	정보통신부	ICT정보통신부
EC0003	DN0002	정보통신부	ICT정보통신부
EC0010	DN0006	설계부	설계부

```
SELECT e_no, d.dept_no, d.dept_name, t.dept_name
    FROM EMP e, DEPT d, DEPT_TMP t
    WHERE e.dept_no = d.dept_no
    AND   e.dept_no = t.dept_no;
```

e_no	dept_no	dept_name	dept_name
EC0001	DN0001	산업디자인부	산업융합디자인부
EC0005	DN0001	산업디자인부	산업융합디자인부
EC0002	DN0002	정보통신부	ICT정보통신부
EC0003	DN0002	정보통신부	ICT정보통신부
EC0010	DN0006	설계부	설계부

(2) 구매 의뢰(MATERIALS_LIST) 테이블의 제품번호(p_no)가 'MN0005'인 제품의 제품
별 제품번호(p_no), 제품명(p_name), 재료명(m_name), 재료규격(m_standard), 의뢰
부서명(dept_name), 부서장(head)을 검색한다.

```
SELECT mt.p_no 제품번호, ma.p_name 제품명,
       mt.m_name 재료명, mt.m_standard 재료규격,
       d.dept_name 의뢰부서명, d.head 부서장
       FROM MATERIALS_LIST mt JOIN MANUFACTURE ma
       ON (mt.p_no = ma.p_no)
       JOIN DEPARTMENT d
       ON (mt.dept_no = d.dept_no)
       WHERE mt.p_no='MN0005'
       ORDER BY 제품번호;
```

	제품번호	제품명	재료명	재료규격	의뢰부서명	부서장
▶	MN0005	사물인터넷	아두이노	ARDUINO(UNO, BM)	정보통신부	안재환
	MN0005	사물인터넷	아두이노	ARDUINO(UNO, CAR_V2.0)	정보통신부	안재환
	MN0005	사물인터넷	PLC일체형	LS산전(glofa:GM7)	자동화시스템부	고근회
	MN0005	사물인터넷	ac케이블	ac케이블(두께1.2mm, 10m)	정보통신부	안재환
	MN0005	사물인터넷	ac케이블	ac케이블(두께1.6mm, 10m)	정보통신부	안재환
	MN0005	사물인터넷	AVR	atmega(853516PU, DIP)	정보통신부	안재환

📑 3.   외부조인(OUTER JOIN)

INNER JOIN과 달리 복수 개의 테이블에서 JOIN 조건에서 동일 값이 없는 행을 반환할 때 사용한다. USING 조건절이나 ON 조건절을 필수로 사용하며 조인하는 순서가 중요하다.

1) LEFT OUTER JOIN

JOIN을 수행할 때, 먼저 좌측 테이블을 검색한다. 좌측 테이블을 기준으로 하여, 우측 테이블과 비교하여 일치하는 데이터가 있으면 해당 데이터를 가져오고, 없을 경우에는 NULL 값으로 채운다.

```
SELECT 칼럼명1, 칼럼명2, .....
  FROM 테이블1 LEFT [OUTER] JOIN 테이블2
    ON 조건;
```

(1) 구매 의뢰(MATERIALS_LIST)에서 구매 의뢰하지 않은 부서코드(dept_no)도 함께 출력한다.

① 일반적인 INNER JOIN 검색 결과

```
SELECT m.dept_no 부서코드, m_name 재료명,
       m_qty 수량, m_no 재료코드
       FROM MATERIALS_LIST m JOIN DEPARTMENT d
       ON m.dept_no = d.dept_no;
```

	부서코드	재료명	수량	재료코드
▶	DN0002	아두이노	3	MC0203
	DN0002	아두이노	3	MC0203
	DN0004	PLC일체형	1	MC0203
	DN0002	ac케이블	1	MC0203
	DN0002	ac케이블	1	MC0203
	DN0002	AVR	1	MC0203
	DN0002	건전지	30	MC0202
	DN0005	마이크로프로세서	5	MC0202
	DN0002	만능기판	50	MC0203
	DN0002	키보드	20	MC0401

구매 의뢰하지 않은 부서코드는 제외하고 출력한다.

② LEFT OUTER JOIN 검색 결과

```
SELECT d.dept_no 부서코드, m_name 재료명,
          m_qty 수량, m_no 재료코드
     FROM DEPARTMENT d
        LEFT OUTER JOIN MATERIALS_LIST m
     ON m.dept_no = d.dept_no;
```

	부서코드	재료명	수량	재료코드
▶	DN0001	NULL	NULL	NULL
	DN0002	아두이노	3	MC0203
	DN0002	아두이노	3	MC0203
	DN0002	ac케이블	1	MC0203
	DN0002	ac케이블	1	MC0203
	DN0002	AVR	1	MC0203
	DN0002	건전지	30	MC0202
	DN0002	만능기판	50	MC0203
	DN0002	키보드	20	MC0401
	DN0003	NULL	NULL	NULL
	DN0004	PLC일체형	1	MC0203
	DN0005	마이크로...	5	MC0202
	DN0006	NULL	NULL	NULL
	DN0007	NULL	NULL	NULL
	DN0008	NULL	NULL	NULL

구매 의뢰하지 않은 부서코드도 함께 출력된다.

2) RIGHT OUTER JOIN

JOIN을 수행할 때 우측 테이블이 먼저 처리된다. 우측 테이블을 기준으로 좌측 테이블과 비교하며, 좌측 테이블에 일치하는 데이터가 있으면 해당 데이터를 반환하고, 일치하지 않는 경우에는 NULL로 값을 채운다.

```
SELECT 칼럼명1, 칼럼명2, .....
   FROM 테이블1 RIGHT [ OUTER ] JOIN 테이블2
     ON (조건);
```

(1) 사원(EMPLOYEE) 테이블에서 부서가 정해지지 않은 사원이 있다.
  부서가 없는 사원도 함께 출력한다.

① 일반적인 INNER JOIN 검색 결과

```
SELECT e.e_no 사원번호, e.e_name 사원명, e.dept_name 부서, e.e_address 주소
    FROM EMPLOYEE e, DEPARTMENT d
    WHERE e.dept_name = d.dept_name;
```

	사원번호	사원명	부서	주소
▶	EC0001	김명수	산업디자인부	부산
	EC0002	안재환	정보통신부	울산
	EC0003	박동진	정보통신부	창원
	EC0004	이재황	산업자동화부	마산
	EC0005	이미라	산업디자인부	부산
	EC0007	서홍일	산업자동화부	대구
	EC0010	고근희	설계부	서울

부서가 없는 사원은 제외하고 출력한다.

② RIGHT OUTER JOIN 검색 결과

```
SELECT e.e_no 사원번호, e.e_name 사원명, d.dept_name 부서, e.e_address 주소
     FROM DEPARTMENT d RIGHT OUTER JOIN  EMPLOYEE e
     ON e.dept_name = d.dept_name;
```

사원번호	사원명	부서	주소
EC0001	김명수	산업디자인부	부산
EC0002	안재환	정보통신부	울산
EC0003	박동진	정보통신부	창원
EC0004	이재황	산업자동화부	마산
EC0005	이미라	산업디자인부	부산
EC0006	김민준	NULL	울산
EC0007	서홍일	산업자동화부	대구
EC0008	최무선	NULL	부산
EC0009	양현석	NULL	대구
EC0010	고근회	설계부	서울

부서가 정해지지 않은 사원도 함께 출력한다.

3) FULL OUTER JOIN

JOIN 수행 시 좌우측 모든 테이블의 데이터를 읽어 결과를 생성한다.

LEFT OUTER JOIN과 RIGHT OUTER JOIN의 결과를 합집합으로 한 것과 같다. 단, 중복되는 데이터는 생략한다.

MySQL에서는 지원하지 않아서 UNION 한다.

(1) 실습을 위해 DEPT 테이블에 새로운 2행을 삽입한다.

```
INSERT INTO DEPT
        VALUES ('DN0009','경영정보','A004');


INSERT INTO DEPT
        VALUES ('DN0010','응용통계','B004');


SELECT * FROM DEPT;
```

	dept_no	dept_name	location
▶	DN0001	산업디자인부	D001
	DN0002	정보통신부	A002
	DN0003	신소재부	A003
	DN0004	자동화시스템부	B002
	DN0005	산업자동화	B003
	DN0006	설계부	B001
	DN0007	전기전자부	A003
	DN0008	사물인터넷부	D002
	DN0009	경영정보	A004
	DN0010	응용통계	B004

① 일반적인 INNER JOIN 검색 결과

```
SELECT * FROM DEPT d INNER JOIN DEPT_TMP dt
        ON d.dept_name = dt.dept_name;
```

	dept_no	dept_name	location	dept_no	dept_name	location
▶	DN0003	신소재부	A003	DN0003	신소재부	A003
	DN0004	자동화시스템부	B002	DN0004	자동화시스템부	B002
	DN0005	산업자동화	B003	DN0005	산업자동화	B003
	DN0006	설계부	B001	DN0006	설계부	B001
	DN0007	전기전자부	A003	DN0007	전기전자부	A003

부서 이름이 동일한 튜플만 검색한다.

② LEFT OUTER JOIN 검색 결과

```
SELECT * FROM DEPT d LEFT OUTER JOIN DEPT_TMP dt
       ON d.dept_name = dt.dept_name;
```

	dept_no	dept_name	location	dept_no	dept_name	location
▶	DN0001	산업디자인부	D001	NULL	NULL	NULL
	DN0002	정보통신부	A002	NULL	NULL	NULL
	DN0003	신소재부	A003	DN0003	신소재부	A003
	DN0004	자동화시스템부	B002	DN0004	자동화시스템부	B002
	DN0005	산업자동화	B003	DN0005	산업자동화	B003
	DN0006	설계부	B001	DN0006	설계부	B001
	DN0007	전기전자부	A003	DN0007	전기전자부	A003
	DN0008	사물인터넷부	D002	NULL	NULL	NULL
	DN0009	경영정보	A004	NULL	NULL	NULL
	DN0010	응용통계	B004	NULL	NULL	NULL

DEPT 테이블(좌측)을 기준으로 검색하고 동일하지 않은 정보가 함께 검색된다.

③ RIGHT OUTER JOIN 검색 결과

```
SELECT * FROM DEPT d RIGHT OUTER JOIN DEPT_TMP dt
       ON d.dept_name = dt.dept_name;
```

	dept_no	dept_name	location	dept_no	dept_name	location
▶	NULL	NULL	NULL	DN0001	산업융합디자인부	D001
	NULL	NULL	NULL	DN0002	ICT정보통신부	A002
	DN0003	신소재부	A003	DN0003	신소재부	A003
	DN0004	자동화시스템부	B002	DN0004	자동화시스템부	B002
	DN0005	산업자동화	B003	DN0005	산업자동화	B003
	DN0006	설계부	B001	DN0006	설계부	B001
	DN0007	전기전자부	A003	DN0007	전기전자부	A003
	NULL	NULL	NULL	DN0008	IoT부	D002

DEPT(오른쪽) 테이블을 기준으로 검색하며 동일하지 않은 테이블도 같이 검색한다.

④ UNION (중복 데이터는 제거됨)

FULL OUTER JOIN 검색 결과와 같다.

```
SELECT * FROM DEPT d LEFT OUTER JOIN DEPT_TMP dt

       ON d.dept_name = dt.dept_name

       UNION

SELECT * FROM DEPT d RIGHT OUTER JOIN DEPT_TMP dt

       ON d.dept_name = dt.dept_name;
```

dept_no	dept_name	location	dept_no	dept_name	location
DN0001	산업디자인부	D001	NULL	NULL	NULL
DN0002	정보통신부	A002	NULL	NULL	NULL
DN0003	신소재부	A003	DN0003	신소재부	A003
DN0004	자동화시스템부	B002	DN0004	자동화시스템부	B002
DN0005	산업자동화	B003	DN0005	산업자동화	B003
DN0006	설계부	B001	DN0006	설계부	B001
DN0007	전기전자부	A003	DN0007	전기전자부	A003
DN0008	사물인터넷부	D002	NULL	NULL	NULL
DN0009	경영정보	A004	NULL	NULL	NULL
DN0010	응용통계	B004	NULL	NULL	NULL
NULL	NULL	NULL	DN0001	산업융합디자...	D001
NULL	NULL	NULL	DN0002	ICT정보통신부	A002
NULL	NULL	NULL	DN0008	IoT부	D002

두 개의 테이블에 있는 동일하지 않은 데이터를 가진 정보가 모두 검색된다.

연습문제

1. 구매 의뢰(MATERIALS_LIST) 테이블에서 의뢰자가 'EC0002'인 사원이 의뢰한 재료명(m_name)과 재료코드(m_no), 이름(e_name), 부서(dept_name)를 검색한다.

2. 전체 사원(EMPLOYEE) 중에서 구매 의뢰하지 않은 사원까지 검색하시오.

3. 2번 예제를 RIGHT OUTER JOIN으로 검색하시오.

4. 2번 예제를 FULL OUTER JOIN으로 검색하시오.

5. 구매 의뢰(MATERIALS_LIST) 테이블과 사원(EMPLOYEE) 테이블을 CROSS JOIN 한다.

01. 서브 쿼리의 개념

서브 쿼리(Subquery)는 SQL문 안에 또 다른 SQL문이 포함되어 있는 것이다.

서브 쿼리는 WHERE 절 내에 포함되며, 반드시 SELECT 절과 FROM 절을 포함해야 한다. 서브 쿼리는 메인 쿼리보다 먼저 실행되기 때문에 괄호로 감싸야 한다. 조인은 집합 간의 PRODUCT(곱집합) 관계로, m:n 관계의 경우 m×n 크기의 결과 집합이 생성된다. 반면 서브 쿼리는 결과 집합이 항상 메인 쿼리와 동일한 레벨에서 생성된다.

예를 들어, 조직(1)과 사원(n)의 데이터를 쿼리하면 결과 집합은 조직 레벨인 1이 된다. 서브 쿼리는 SELECT 절, FROM 절, WHERE 절, HAVING 절, ORDER BY 절, INSERT의 VALUES 절, UPDATE 문의 SET 절 등에서 주로 사용된다.

- ORDER BY 절을 포함하지 않는다. 메인 쿼리의 마지막 문장에 위치해야 한다.
- 첫 번째로 서브 쿼리를 실행하고, 두 번째는 서브 쿼리 실행 결과를 메인 쿼리의 검색 조건으로 이용한다.

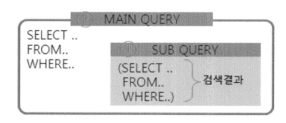

02. 서브 쿼리별 활용

1. 단일 행 서브 쿼리(Single Row Subquery)

서브 쿼리의 실행 결과가 항상 1건 이하인 서브 쿼리를 말한다.

서브 쿼리에서 한 행만 검색해 내면 메인 쿼리는 그 값을 열의 모든 값과 비교한다.

결과가 없는 경우에는 NULL 값을 출력한다.

단일 행 비교 연산자인 =, <, <=, >, >=, <> 등이 있다.

1) 사원 '이미라'가 속한 부서의 정보를 검색한다.

```
SELECT e_name 사원명, grade 직급, e_address 위치 ···················· ②
    FROM EMPLOYEE
    WHERE dept_name=( SELECT dept_name ···························· ①
                        FROM EMPLOYEE
                        WHERE e_name='이미라');
```

①의 결과 :

dept_name
▶ 산업디자인부

'이미라' 사원이 속한 부서는 '산업디자인부'이다. 검사 결과 단일 행이 검색된다.

②의 결과 :

	사원명	직급	위치
▶	김명수	부장	부산
	이미라	과장	부산

'이미라' 사원이 속한 부서명을 먼저 검색한 후 검색된 부서명을 메인 쿼리로 보내어 메인 쿼리에 조건을 만족하는 부서에 관한 정보를 출력한다.

이때 서브 쿼리에 구한 결괏값이 단일 행이 아닐 경우에는 에러가 발생한다.

2) 의뢰 금액(m_price)의 평균을 구하고 평균 금액보다 많이 의뢰한 제품의 재료명(m_name), 의뢰 금액(m_price), 부서코드(dept_no), 의뢰자(e_no)를 의뢰 금액의 역순으로 검색하라.

① 먼저 의뢰 금액(m_price)의 평균을 구한다.

```
SELECT AVG(m_price) AS average_price FROM MATERIALS_LIST;
```

	average_price
▶	145660.0000

② SELECT m_name 재료명, m_price 의뢰 금액, dept_no 부서코드, e_no 의뢰자

      FROM MATERIALS_LIST

      WHERE m_price > (SELECT AVG(m_price)

                                FROM MATERIALS_LIST)

      ORDER BY m_price desc;.

재료명	의뢰금액	부서코드	의뢰자
만능기판	500000	DN0002	EC0003
아두이노	270000	DN0002	EC0006
PLC일체형	250000	DN0004	EC0010
아두이노	180000	DN0002	EC0002

   서브 쿼리에서 의뢰 금액의 평균을 구한 후 메인 쿼리에서 조건에 맞게 검색한 후 의뢰 금액의 역순으로 출력한다.

3) 부서별 급여액을 검색한다. (단, 부서명과 부서별 급여액을 출력한다.)

   SELECT (SELECT dept_name FROM DEPARTMENT d

             WHERE d.dept_name= e.dept_name) 부서명, SUM(e_sal) 총급여액

      FROM EMPLOYEE e

      GROUP BY e.dept_name;

부서명	총급여액
산업디자인부	1010
정보통신부	1070
산업자동화부	950
NULL	960
NULL	510
설계부	500

📊 2. 다중 행 서브 쿼리(Multi Row Subquery)

서브 쿼리의 실행 결과가 여러 건수인 서브 쿼리를 말한다. 다중 행 비교 연산자인 IN, ALL, ANY, SOME, EXISTS가 있다.

비교 연산자	의미
ALL	서브 쿼리에서 검색된 모든 결과를 만족할 경우 참(true)
ANY	서브 쿼리에서 검색된 결과 중 최소한 하나라도 만족할 경우 참(true) SOME과 동일
IN	서브 쿼리에서 검색된 결과에 존재하는 임의의 값과 동일한 조건을 의미
EXISTS	서브 쿼리의 결과를 만족하는 값이 존재하는지 여부를 확인하는 조건을 의미

[표 6-1] 다중 행 서브 쿼리 비교 연산자

1) 재료명 '아두이노'의 재료명(m_name), 규격(m_standard), 제품번호(p_no)를 검색한다.

```
SELECT m_name 재료명, m_standard 규격, p_no 제품번호
      FROM MATERIALS_LIST
      WHERE m_name=( SELECT m_name
                        FROM MATERIALS_LIST
                        WHERE m_name='아두이노');
```

error ⬇ 다중 행 검색

Error Code: 1242. Subquery returns more than 1 row

```
SELECT m_name 재료명, m_standard 규격, p_no 제품번호
     FROM MATERIALS_LIST
     WHERE m_name IN ( SELECT m_name
                       FROM MATERIALS_LIST
                       WHERE m_name='아두이노');
```

재료명	규격	제품번호
▶ 아두이노	ARDUINO(UNO, BM)	MN0005
아두이노	ARDUINO(UNO, CAR_V2.0)	MN0005

서브 쿼리의 결과가 2행 이상이면 다중 행 비교 연산자를 사용해야 한다.

📋 3.   다중 컬럼 서브 쿼리(Multi Column Subquery)

서브 쿼리의 결과로 여러 개의 칼럼이 검색되고 결과를 메인 쿼리의 조건절과 비교한다.

1) 구매 의뢰(MATERIALS_LIST) 테이블에서 제품번호별(p_no) 수량(m_qty)이 가장 많은 제품의 재료명(m_name)과 수량(m_qty)을 검색한다.

```
SELECT p_no 제품번호, m_name 재료명, m_standard 규격, m_qty 수량   ········ ②
     FROM MATERIALS_LIST
     WHERE(p_no, m_qty) IN(SELECT p_no , MAX(m_qty)
                          FROM MATERIALS_LIST GROUP BY p_no);   ········ ①
```

① 서브 쿼리의 실행 결과

	p_no	MAX(m_qty)
▶	MN0005	3
	MN0006	30
	MN0007	20
	MN0009	50

②의 메인 쿼리의 실행 결과

	제품번호	재료명	규격	수량
▶	MN0005	아두이노	ARDUINO(UNO, BM)	3
	MN0005	아두이노	ARDUINO(UNO, CAR_V2.0)	3
	MN0006	건전지	알카라인(AA)	30
	MN0009	만능기판	에폭시(2.54mm, 40x50)	50
	MN0007	키보드	일반형(PS2/USB)	20

서브 쿼리의 결과가 제품번호별 최대 수량 2개의 칼럼을 검색한다. 이것을 메인 쿼리에서 비교 검색한다.

2) 사원(EMPLOYEE) 테이블에서 '정보통신부'에서 급여(e_sal)가 가장 높은 사원보다 급여를 많이 받는 사원의 이름(e_name)과 급여(e_sal)를 검색한다.

(1) 우선 서브 쿼리 부분부터 구한 결과이다.

```
SELECT e_sal FROM EMPLOYEE WHERE dept_name='정보통신부';
```

	e_sal
▶	560
	510

(2) 메인 쿼리에서 ANY 비교 연산자를 이용하여 검색한다.

```
SELECT e_name, e_sal FROM EMPLOYEE
      WHERE e_sal > ANY ( SELECT e_sal
                          FROM EMPLOYEE
                          WHERE dept_name='정보통신부');
```

	e_name	e_sal
▶	안재환	560
	이재황	550

서브 쿼리의 결괏값에서 어느 하나라도 만족하는 값과 그 값보다 큰 사원명과 급여를 메인 쿼리에서 비교 검색한다.

4. 연관 서브 쿼리(Correlated Subquery)

연관 서브 쿼리는 서브 쿼리 내에 메인 쿼리 컬럼이 사용된 서브 쿼리이다. EXISTS를 사용하여 조건에 만족하는 값이 한 건만이라도 존재하면 참으로 판단한다.

1) 사원(EMPLOYEE) 테이블에서 '사물인터넷부'가 존재하면 부서코드(dept_no),
   부서명(dept_name), 위치(location)를 검색한다.

```
SELECT dept_no, dept_name, location   FROM DEPARTMENT
      WHERE EXISTS( SELECT * FROM EMPLOYEE
                      WHERE dept_name='사물인터넷부');
```

dept_no	dept_name	location
DN0001	산업디자인부	D001
DN0002	정보통신부	A002
DN0003	신소재부	A003
DN0004	자동화시스템부	B002
DN0005	산업자동화부	B003
DN0006	설계부	B001
DN0007	전기전자부	A003
DN0008	사물인터넷부	D002

서브 쿼리의 결과 '사물인터넷부'는 존재하므로 메인 쿼리로 결과가 보내져 검색을 완료한다.

03. 기타 위치의 서브 쿼리 활용

1. SELECT 절

SELECT 절에서 사용하는 서브 쿼리는 스칼라 서브 쿼리(Scalar Subquery)라고 하는데, 검색 결과한 행과 한 칼럼만을 반환한다.

1) 구매 의뢰한 제품에 대하여 제품명과 구매 의뢰자의 직급을 검색하시오.

```
SELECT m.p_no 제품번호, m.p_name 제품명,  · · · · · · · · · · · · · · · · · · · · · · · · · · · · · ②
    ( SELECT grade
          FROM EMPLOYEE e
          WHERE m.e_no=e.e_no) 직급
    FROM MANUFACTURE m;
```

①

① 서브 쿼리의 결과

```
SELECT grade
    FROM EMPLOYEE e, MANUFACTURE m WHERE m.e_no=e.e_no;
```

	grade
▶	부장
	과장
	과장
	부장
	NULL
	부장
	과장
	NULL
	부장

② **메인 쿼리 결과**

	제품 번호	제품명	직급
▶	MN0001	네트워크	과장
	MN0002	CAD	부장
	MN0003	디지털회로	부장
	MN0004	회로시뮬레이션	부장
	MN0005	사물인터넷	과장
	MN0006	임베디드시스템	NULL
	MN0007	광통신	NULL
	MN0008	기초전기전자	과장
	MN0009	마이크로프로세서	부장

서브 쿼리의 결과가 메인 쿼리로 반환해서 검색한다.

빈칸은 아직 부서와 직급이 결정되지 않은 사원이다.

스칼라 서브 쿼리는 메인 쿼리의 결과 건수만큼 반복 수행된다.

▦ 2. FROM 절

FROM 절에서 사용하는 서브 쿼리는 인라인 뷰(Inline View)라고 한다.

인라인 뷰는 결과가 SQL문이 실행될 때만 임시적으로 생성되는 동적인 뷰이다.

서브 쿼리에서 칼럼은 메인 쿼리에서 사용할 수 없는데 인라인 뷰의 칼럼은 SQL문을 자유롭게 참조할 수 있다.

1) 구매 의뢰(MATERIALS_LIST) 테이블에서 한 번 이상 구매 의뢰한 재료의 수를 검색한다.

```
SELECT * FROM (SELECT m_no as 재료코드, count(*) as 총구매 의뢰 수
                FROM MATERIALS_LIST
                GROUP BY m_no) a;
```

재료코드	총구매의뢰수
▶ MC0202	2
MC0203	7
MC0401	1

서브 쿼리의 결과가 다중 행이 되면서 하나의 가상의 테이블이 된다.

2) 급여가 500 이하인 사원명과 부서별 급여액을 검색한다.
(단, 사원명과 부서별 급여액을 검색한다.)]

```
SELECT de.dept_name, e.e_name, e.e_sal AS '부서별 급여액'  ··············· ②
     FROM (SELECT e_name, e_sal, dept_name  ························· ①
                 FROM EMPLOYEE  WHERE e_sal <= 500
              ) e
     JOIN EMPLOYEE de ON e.e_name = de.e_name
     GROUP BY de.dept_name, e.e_name, e.e_sal;
```

먼저 FROM절 ①에 테이블을 먼저 계산 후, 가상의 테이블을 만들고 de와 조인을 한다.

①의 결과

```
SELECT e_name, e_sal FROM EMPLOYEE  WHERE e_sal<=500;
```

	e_name	e_sal
▶	김명수	500
	김민준	450
	서홍일	400
	고근희	500

②의 최종 실행 결과

	dept_name	e_name	부서별 급여액
▶	산업디자인부	김명수	500
	NULL	김민준	450
	산업자동화부	서홍일	400
	설계부	고근희	500

▦ 3. HAVING 절

HAVING 절은 그룹 함수와 함께 사용될 때 그룹핑된 결과에 대해 부가적인 조건을 주기 위해서 사용한다.

1) '신소재개발부'의 평균 임금보다 작은 부서와 부서의 평균 임금을 출력한다.

```
SELECT d.dept_no AS 부서코드, d.dept_name AS 부서명,  .................... ②
       AVG(e.e_sal) AS 평균임금
       FROM DEPARTMENT d
       JOIN EMPLOYEE e ON d.dept_name = e.dept_name
       GROUP BY d.dept_no, d.dept_name
       HAVING AVG(e.e_sal) < (
                        SELECT AVG(e_sal)  FROM EMPLOYEE  ......... ①
                        WHERE dept_name = '신소재개발부'
                     );
```

① 서브 쿼리의 결과

	avg(e_sal)
▶	510.0000

② 메인 쿼리의 결과

부서코드	부서명	평균임금
DN0001	산업디자인부	505.0000
DN0005	산업자동화부	475.0000
DN0006	설계부	500.0000

서브 쿼리의 결과가 메인 쿼리로 반환되어 결과가 검색된다.

연습문제

1. '양현석'의 급여 이상인 사원의 이름과 부서, 급여를 검색하시오.

```
SELECT e_name, dept_name, e_sal
    FROM EMPLOYEE
    WHERE e_sal >= (SELECT e_sal
                        FROM EMPLOYEE
                        WHERE e_name = '양현석');
```

e_name	dept_name	e_sal
안재환	정보통신부	560
박동진	정보통신부	510
이재황	산업자동화부	550
이미라	산업디자인부	510
최무선	신소재개발부	510
양현석	NULL	510

2. 부서의 위치(location)가 'B003'인 모든 사원의 이름과 부서명을 검색하시오.

```
SELECT e_name, dept_name
    FROM EMPLOYEE e
    WHERE e.dept_name = (SELECT dept_name
                            FROM DEPARTMENT
                            WHERE location = 'B003');
```

e_name	dept_name
이재황	산업자동화부
서홍일	산업자동화부

3. 조인(JOIN) 연산이 필요한 이유를 기술하시오.

4. WHERE 절과 HAVING 절의 차이점을 기술하시오.

5. 서브 쿼리 작성 시 사용할 수 있는 키워드와 특징을 기술하시오.

6. 뷰의 장단점을 기술하시오.

7. 인덱스의 생성 시 고려할 점을 기술하시오.

chapter 7 집계 함수와 그룹화(GROUP BY)

01. 집계 함수

1. 집계 함수를 이용한 검색

SQL 질의어를 이용하여 데이터 검색 시에 자주 사용하는 합, 평균, 최댓값, 최솟값, 개수 등의 집계 함수를 말한다. 여러 행들의 그룹이 모여서 단 하나의 결과를 돌려주는 다중 행 함수이다.

집계 함수	의미
COUNT	NULL 값을 제외한 행의 수
COUNT(*)	NULL 값을 포함한 행의 수
SUM	값의 합계
AVG	값의 평균
MAX	최댓값
MIN	최솟값

[표 7-1] 집계 함수의 종류

1) 사원(EMPLOYEE) 테이블에 등록된 사원의 수는 얼마인지 검색한다.

```
SELECT COUNT(*) FROM EMPLOYEE;
```

	COUNT(*)
▶	10

NULL 값을 포함한 전체 사원 수를 검색한다.

2) 구매 의뢰(MATERIALS_LIST) 테이블에서 구매 의뢰 재료코드(m_no) 수를 검색한다. 단, 중복을 제거하고 계산한다.

```
SELECT COUNT(DISTINCT m_no) FROM MATERIALS_LIST;
```

	COUNT(DISTINCT m_no)
▶	3

재료코드 중에서 NULL 값을 제외한 수를 검색한다.

3) 구매 의뢰(MATERIALS_LIST) 테이블에서 의뢰 금액(m_price)이 가장 많은 금액을 검색한다.

```
SELECT MAX(m_price) FROM MATERIALS_LIST;
```

	MAX(m_price)
▶	500000

NULL 값을 제외한 의뢰 금액을 검색한다.

4) 사원(EMPLOYEE) 테이블에서 '정보통신부'의 평균 급여를 검색한다.

```
SELECT avg(e_sal) '평균급여' FROM EMPLOYEE
     WHERE dept_name='정보통신부';
```

	평균급여
▶	535.0000

5) 사원(EMPLOYEE) 테이블에서 직급별 평균 임금을 검색한다.

```
SELECT grade, avg(e_sal) '직급별 평균 임금'
    FROM EMPLOYEE GROUP BY grade;
```

	grade	직급별 평균 임금
▶	부장	502.0000
	과장	510.0000
	NULL	480.0000

6) 구매 의뢰(MATERIALS_LIST) 테이블에서 부서코드(dept_no)별로 부서코드(dept_no), 재료명(m_name), 수량(m_qty)의 합계, 의뢰액(m_price)의 합계을 검색한다.

```
SELECT dept_no AS '부서코드', sum(m_qty) AS '수량합계',
                sum(m_price) AS '의뢰액'
    FROM MATERIALS_LIST GROUP BY dept_no;
```

	부서코드	수량합계	의뢰액
▶	DN0002	109	1156600
	DN0004	1	250000
	DN0005	5	50000

7) 제작(MANUFACTURE) 테이블에서 프로젝트의 평균 제작 기간(m_term)을 검색한다.

```
SELECT round(avg(m_term),0) '평균 제작 기간'
       FROM MANUFACTURE;
```

평균 제작기간
▶ 2

소수 이하 0, 즉 정수로 구한다.

8) 제작(MANUFACTURE) 테이블에서 프로젝트의 최소 제작 기간(m_term)과 최대 제작 기간을 검색한다.

```
SELECT MIN(m_term) '최소 제작 기간', MAX(m_term) '최대 제작 기간' FROM MANUFACTURE;
```

최소 제작기간	최대 제작기간
▶ 1	4

9) 사원(EMPLOYEE) 테이블에서 직급(grade)별 급여(e_sal)가 500 이상인 사원의 수와 평균 급여를 검색한다.

```
SELECT grade, COUNT(grade), AVG(e_sal)
       FROM EMPLOYEE
       WHERE e_sal >= 500
       GROUP BY grade
       HAVING count(*)>=1;
```

grade	COUNT(grade)	AVG(e_s
부장	4	527.5000
과장	3	510.0000
NULL	0	510.0000

📑 2. 별명(ALIAS)을 부여하여 검색

검색 결과에 대한 제목이 나타나지 않는 불편함을 해결하기 위해 사용한다.

1) 사원(EMPLOYEE) 테이블에 등록된 사원의 수를 계산하여 '사원수'라는 제목으로 출력한다.

```
SELECT COUNT(*) AS '사원수' FROM EMPLOYEE;
```

사원수
10

2) 구매 의뢰(MATERIALS_LIST) 테이블에서 재료코드(m_no)를 '재료코드'라는 제목으로
   출력한다. (단, 중복을 제거하여 검색한다.)

```
SELECT COUNT(DISTINCT m_no)
       AS 재료코드 FROM MATERIALS_LIST;
```

재료코드
3

3) 구매 의뢰(MATERIALS_LIST) 테이블에서 부서코드(dept_no)가 'DN0002'인 재료를 '재료코드', '재료명', '규격', '의뢰 단가' 라는 제목으로 출력한다.

```
SELECT m_no 재료코드, m_name 재료명, m_standard 규격,
        m_cost 의뢰단가 FROM MATERIALS_LIST
        WHERE dept_no='DN0002';
```

재료코드	재료명	규격	의뢰단가
MC0203	아두이노	ARDUINO(UNO, BM)	72000
MC0203	아두이노	ARDUINO(UNO, CAR_V2.0)	108000
MC0203	ac케이블	ac케이블(두께1.2mm, 10m)	2160
MC0203	ac케이블	ac케이블(두께1.6mm, 10m)	2160
MC0203	AVR	atmega(853516PU, DIP)	36000
MC0202	건전지	알카라인(AA)	1320
MC0203	만능기판	에폭시(2.54mm, 40x50)	12000
MC0401	키보드	일반형(PS2/USB)	8400

4) 제작(MANUFACTURE) 테이블에서 제품의 평균 제작 기간(m_term)을 '평균 제작 기간'이라는 제목으로 출력하라.

```
SELECT AVG(m_term)  AS 평균 제작 기간 FROM MANUFACTURE;
```

평균제작기간
2.4444

5) 구매 의뢰(MATERIALS_LIST) 테이블에서 제품번호(p_no)가 'MN0005'인 제품에 대해 의뢰 금액(m_price)의 합을 '총의뢰액'이라는 제목으로 출력한다.

```
SELECT SUM(m_price) AS '총의뢰액' FROM MATERIALS_LIST
        WHERE p_no='MN0005';
```

총 의뢰액
▶ 733600

6) 직급(grade)이 '부장'인 사원의 급여의 합계를 '급여 합계'라는 제목으로 출력한다.

```
SELECT grade 직급, SUM(e_sal) '급여 합계' FROM EMPLOYEE
     WHERE grade='부장';
```

직급	급여합계
▶ 부장	2510

7) 사원들의 총인원, 총급여, 평균급여, 최대급여, 최소급여를 검색한다.

```
SELECT COUNT(*) 총인원, SUM(e_sal) 총급여,
     AVG(e_sal) 평균급여, MAX(e_sal) 최대급여, MIN(e_sal) 최소급여
     FROM EMPLOYEE;
```

총인원	총급여	평균급여	최대급여	최소급여
▶ 10	5000	500.0000	560	400

8) 구매 의뢰(MATERIALS_LIST) 테이블에서 제품번호(p_no)가 'MN0005'인 제품에 대해 수량(m_qty)을 10개씩 더하여 출력 결과를 '총수량'이란 제목으로 출력한다.

```
SELECT SUM(m_qty+10) 총수량 FROM MATERIALS_LIST
     WHERE p_no='MN0005';
```

총수량
▶ 70

02. 그룹화 함수

▦ 1. GROUP BY

GROUP BY는 지정된 속성 값이 일치하는 값들을 그룹을 만드는 것이다. 일반적으로 집계 함수와 같이 사용한다. 일반적인 특성은 다음과 같다.

- 집계 함수의 통계 정보는 NULL 값을 가진 행을 제외하고 수행한다.
- ALIAS 명령을 사용할 수 없다.
- GROUP BY 절에서 생성된 집계 데이터 중 HAVING 절에서 제한 조건을 두어 만족하는 내용만 출력한다.
- SELECT 절에 사용된 그룹 함수 이외의 칼럼이나 표현식은 반드시 GROUP BY 절에서 사용해야만 된다.
- GROUP GY 절에 사용된 칼럼은 SELECT 절에 사용되지 않아도 된다.

1) 재료코드(m_no)별로 구매한 사원의 수를 검색한다.

```
SELECT m_no  재료코드, count(e_no) 의뢰자 수
     FROM MATERIALS_LIST GROUP BY m_no;
```

재료코드	의뢰자수
▶ MC0202	2
MC0203	7
MC0401	1

재료코드별로 그룹화되어 보인다.

2) 사원(EMPLOYEE) 테이블에서 직급(grade)별 사원의 수를 '사원수'라는 제목으로 출력한다.

```
SELECT grade as 직급, count(e_no) as 사원수 FROM EMPLOYEE
    GROUP BY grade;
```

직급	사원수
▶ 부장	5
과장	3
NULL	2

직급별로 사원수가 검색된다. 직급이 비어 있는 것은 아직 직급이 정해지지 않은 사원이다.

3) 구매 의뢰(MATERIALS_LIST) 테이블에서 제품번호(p_no)별 평균 의뢰 단가(m_cost)를 '평균 의뢰 단가'라는 제목으로 검색한다.

```
SELECT p_no, avg(m_cost) as '평균 의뢰 단가' FROM MATERIALS_LIST
    GROUP BY p_no;
```

p_no	평균의뢰단가
▶ MN0005	86720.0000
MN0006	1320.0000
MN0007	8400.0000
MN0009	12000.0000

⊞ 2. / HAVING 절

SQL 질의어에서 GROUP BY 명령을 이용할 때, 검색 조건을 추가하기 위해서 사용한다. 집계 함수를 이용한 집계 내용을 포함할 수 있다.

특징은 다음과 같다.

• WHERE 절에서 집계 함수를 비교 조건으로 사용할 수 없기 때문에 HAVING으로 대신해 사용하면 된다.

```
예) SELECT dept_no, AVG(sal) FROM EMPLOYEE
        WHERE AVG(sal) > 450
        GROUP BY dept_no;

    ERROR 1111 (HY000): Invalid use of group function
```

• GROUP BY 절 다음에 와야 한다.
• GROUP 함수 부분에만 WHERE을 사용하면 안 된다.

1) 사원(EMPLOYEE) 테이블에서 2명 이상의 사원이 소속된 부서명(dept_name)을 검색한다.

```
SELECT dept_name 부서명, count(*) 사원수 FROM EMPLOYEE
    GROUP BY dept_name
    HAVING count(*) >=2;
```

부서명	사원수
▶ 산업디자인부	2
정보통신부	2
산업자동화부	2
NULL	2

HAVING에서의 조건처럼 2명 이상의 사원수가 있는 부서를 출력한다.

2) 평균급여가 500 이상인 부서의 부서명과 평균급여를 검색한다.

(단, 소수 이하 0자리까지)

```
SELECT dept_name 부서명, round(AVG(e_sal),0) 평균급여
        FROM EMPLOYEE
        GROUP BY dept_name
        HAVING AVG(e_sal) > 500;
```

부서명	평균급여
▶ 산업디자인부	505
정보통신부	535
신소재개발부	510

평균급여가 500보다 많은 부서명과 평균급여가 출력된다.

3) 구매 의뢰(MATERIALS_LIST) 테이블에서 의뢰 금액(m_price)이 200,000 이상인 부
   서코드(dept_no)에 대하여 재료코드(m_no)의 총수량을 검색한다.

(단, 1건 이상의 의뢰 건에 대해서만 내림차순으로 출력한다.)

```
SELECT dept_no 부서코드, COUNT(*) as 재료코드수
        FROM MATERIALS_LIST
        WHERE m_price>=200000
```

```
GROUP BY dept_no

HAVING COUNT(*)>=1

ORDER BY dept_no desc;
```

	부서코드	재료코드수
▶	DN0004	1
	DN0002	2

　부서코드별로 500000 이상 의뢰한 재료코드의 총수량을 2건 이상의 건에 대해서만 내림차순으로 정렬되어 출력된다.

4) 구매 의뢰(MATERIALS_LIST) 테이블에서 부서코드(dept_no)별로 부서코드(dept_no), 수량(m_qty), 의뢰 금액(m_price)의 합계를 검색하되 의뢰 금액의 합계가 400,000보다 큰 제품을 검색한다.

```
SELECT count(dept_no) AS dept_count, sum(m_qty) AS total_qty,

                              sum(m_price) AS total_price, dept_no

    FROM MATERIALS_LIST

    GROUP BY dept_no

    HAVING sum(m_price) > 400000;
```

	dept_count	total_qty	total_price	dept_no
▶	8	109	1156600	DN0002

TIP! | SELECT문의 실행 순서

SELECT문의 실행 순서는 아래와 같다.

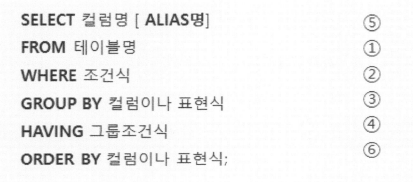

SELECT 컬럼명 [**ALIAS**명]	⑤
FROM 테이블명	①
WHERE 조건식	②
GROUP BY 컬럼이나 표현식	③
HAVING 그룹조건식	④
ORDER BY 컬럼이나 표현식;	⑥

위의 순서는 일반적으로 옵티마이저의 수행 순서와도 같다. SQL의 syntax, semantic 에러를 점검하는 순서이다.

03. 산술 연산자를 이용한 검색

산술 연산자는 수치형과 날짜형에 대해 주로 적용되며 일반적으로 수학에서의 사칙연산과 동일하다.

구분	연산자	의미
산술식 연산자	사칙 연산자	+(덧셈), −(뺄셈), *(곱셈), /(나눗셈)
수치 함수	abs(n) mod(n,b) sqrt(n) round ceil power	n의 절댓값 n을 b로 나눈 나머지 값 n의 루트 값 해당 소숫점 자리에서 반올림할 때 해당 수보다 가장 크거나 작은 값 해당 수에 대한 지수 값
문자열 함수	length(str) concat lower(str) upper(str) substr rtrim	문자열의 길이 문자열의 연결, 결합 문자열을 소문자로 변환 문자열을 대문자로 변환 문자열 중 필요 부분만 추출 문자열의 오른쪽 공백을 없앰
날짜 함수	sysdate now year month day	현재 시스템 날짜와 시간을 보여줄 때, 호출되는 시점에 따라 다름 현재 시스템 날짜와 시간을 으로 반영 할 때, 동일한 값을 출력 지정한 날짜 값에서 년을 출력 지정한 날짜 값에서 월을 출력 지정한 날짜 값에서 일을 출력

[표 7-2] 산술 연산자

📊 1. 수치 함수

1) ABS(값): 절댓값 구하기

```sql
SELECT ABS(-15), ABS(15);
```

ABS(-15)	ABS(15)
15	15

부호를 제거한 절댓값을 반환한다.

2) ROUND(숫자, 자리수): 해당 소수점 자리에서 반올림할 때

```sql
SELECT ROUND(18.193, 1), ROUND(359.818, 2), ROUND(359.818, 0);
```

ROUND(18.193, 1)	ROUND(359.818, 2)	ROUND(359.818, 0)
18.2	359.82	360

3) CEILING(값) / FLOOR(값) / ROUND(값): 올림, 내림, 반올림을 계산할 때

```sql
SELECT CEILING(12.4), FLOOR(12.8), ROUND(12.8);
```

CEILING(12.4)	FLOOR(12.8)	ROUND(12.8)
13	12	13

주어진 값에 대하여 올림, 내림, 반올림을 계산하여 반환한다.

```
SELECT CEILING(15.8), FLOOR(34.2);
```

	CEILING(15.8)	FLOOR(34.2)
▶	16	34

```
SELECT CEILING(-15.8), FLOOR(-34.7), ROUND(-24.56, 1);
```

	CEILING(-15.8)	FLOOR(-34.7)	ROUND(-24.56, 1)
▶	-15	-35	-24.6

음수의 경우도 마찬가지로 올림, 내림, 반올림하여 반환한다.

4) CONV(숫자, 원래 진수, 변환할 진수): 진법 변환 함수

```
SELECT CONV('AA', 16, 2), CONV(1024, 10, 8);
```

	CONV('AA', 16, 2)	CONV(1024, 10, 8)
▶	10101010	2000

16진수 'AA'에 대하여 2진수로 변환하고 10진수 1024에 대하여 8진수로 변환한 값을 반환한다.

```
SELECT CONV('FFFF', 16, 2), CONV('6257', 8, 2);
```

	CONV('FFFF', 16, 2)	CONV('6257', 8, 2)
▶	1111111111111111	110010101111

5) POWER(값1, 값2) = POW(값1, 값2): 거듭제곱 값을 구할 때

```
SELECT POWER(2, 10), POW(2, 10);
```

	POWER(2, 10)	POW(2, 10)
▶	1024	1024

2^{10}값인 1024를 반환한다.

```
SELECT POWER(3, 5), POW(3, 5);
```

	POWER(3, 5)	POW(3, 5)
▶	243	243

3^5값인 243를 반환한다.

6) SQRT(값): 루트 값 구하기

```
SELECT SQRT(9), SQRT(256);
```

	SQRT(9)	SQRT(256)
▶	3	16

9의 루트 값 3과 256의 루트 값 16을 반환한다.

7) MOD(숫자1, 숫자2) = 숫자1 % 숫자2 = 숫자1 MOD 숫자2
   : 나머지 구하기

```
SELECT MOD(11, 4), 11 % 4, 11 MOD 4;
```

	MOD(11, 4)	11 % 4	11 MOD 4
▶	3	3	3

11을 4로 나눈 나머지 값을 반환한다.

```
SELECT MOD(3045, 8), 3045 % 8, 3045 MOD 8;
```

	MOD(3045, 8)	3045 % 8	3045 MOD 8
▶	5	5	5

3045를 8로 나눈 나머지 값을 반환한다.

8) 무작위 수(random) 구하기

① RAND(): 0 이상 1 미만의 임의의 실수를 구한다.

```
SELECT RAND();
```

	RAND()
▶	0.28740862597470046

0보다 크고 1보다 작은 수 중에서 임의의 값을 반환한다.

② 주사위 던지기를 할 때 임의의 수(1~6)를 발생시킨다.

```
FLOOR( 시작값 + ( RAND() * (마지막 값 - 시작 값));
```

```
SELECT  FLOOR(1+(RAND() * (6-1)));
```

FLOOR(1+(RAND() * (6-1)))
▶ 3

주사위 던지기에서 나올 수 있는 경우의 값은 1~6 사이의 값이 실행될 때마다 임의로 반환된다.

9) SIGN(값): 부호 함수 구하기

숫자가 양수이면 1, 0이면 0, 음수이면 -1을 반환한다.

```
SELECT SIGN(50), SIGN(0), SIGN(-50);
```

SIGN(50)	SIGN(0)	SIGN(-50)
▶ 1	0	-1

양수인 숫자 50은 1로 0은 0, 음수 50은 -1로 반환된다.

🗒 2. 날짜 함수

날짜 함수는 날짜형 데이터를 더하거나 차이를 구할 때 편리하게 사용할 수 있다.

1) NOW(): 현재 시스템에 설정된 시간과 날짜를 출력한다.

```
SELECT NOW(), SLEEP(2), NOW();
```

	NOW()	SLEEP(2)	NOW()
▶	2024-08-07 21:44:03	0	2024-08-07 21:44:03

현재 시스템에 설정된 시간과 날짜를 출력한다. sleep(2) 명령 후에도 같은 시간을 출력한다.

2) SYSDATE(): 현재 시스템에 설정된 시간과 날짜를 출력한다.

```
SELECT SYSDATE(), SLEEP(2), SYSDATE();
```

	SYSDATE()	SLEEP(2)	SYSDATE()
▶	2024-08-07 21:44:47	0	2024-08-07 21:44:49

현재 시스템에 설정된 시간과 날짜를 출력한다. sleep(2) 명령 후 적용된 시간을 출력한다. 즉 시스템 호출 시점에 따라 결괏값이 다르다.

SYSDATE()의 경우 Replication으로 복제 시 Master와 Slave의 시간이 다르게 되는 문제점과 SYSDATE()로 비교되는 칼럼에서 Index가 Full table scan을 실행할 수밖에 없기 때문에 비효율적이므로 NOW()를 사용하길 권장한다.

3) SLEEP(): 쿼리의 실행을 잠시 중단한다.

```
SELECT SLEEP(3) '3초 동안 멈췄습니다.';
```

	3초 동안 멈췄습니다.
▶	0

3초 동안 쿼리의 실행을 중단했다가 3초가 지난 후에 출력한다.

4) YEAR() / MONTH() / DAY()
: 특정 년, 월, 일을 구한다.

```
mysql> SELECT SYSDATE(), YEAR(NOW()), MONTH(NOW()),
            DAY(NOW());
```

SYSDATE()	YEAR(NOW())	MONTH(NOW())	DAY(NOW())
2024-08-07 21:47:32	2024	8	7

현재 시스템의 날짜를 이용하여 년, 월, 일을 추출한다.

5) HOUR() / MINUTE() / SECOND() / MICROSECOND()
: 특정 시, 분, 초, 밀리초를 구한다.

```
SELECT HOUR(NOW()), MINUTE(NOW()),
            SECOND(NOW()), MICROSECOND(NOW());
```

HOUR(NOW())	MINUTE(NOW())	SECOND(NOW())	MICROSECOND(NOW())
21	48	34	0

시스템에 설정된 시간 오후 9시 48분 34초 0을 반환한다.

6) DATEDIFF(날짜1, 날짜2) / TIMEDIFF(날짜1 또는 시간1, 날짜1 또는 시간2)
: 날짜1 - 날짜2의 날짜의 차이와 시간의 차이를 구한다.

① **SELECT DATEDIFF('2030-01-01', NOW());**

DATEDIFF('2030-01-01', NOW())
1972

2030년 1월 1일에서 현재 날짜를 뺀 일수를 반환한다.

② **SELECT TIMEDIFF('23:23:58', '12:10:20');**

	TIMEDIFF('23:23:58', '12:10:20')
▶	11:13:38

'23:23:58'에서 12시간 10분 20초를 뺀 11시 13분 38초를 반환한다.

📇 3. 문자열 함수

문자열 함수는 주로 char, varchar의 데이터 유형을 대상으로 문자 또는 문자열을 목적에 맞게 추출 또는 변환하여 반환한다.

1) CHAR(숫자): 숫자의 아스키코드값에 해당하는 문자를 반환한다.

```
SELECT CHAR(65), CHAR(97);
```

	CHAR(65)	CHAR(97)
▶	BLOB	BLOB

위와 같이 칼럼 타입이 BLOB(Binary Large Object)로 나타나는 경우는 아래와 같이 입력한다.

```
SELECT cast(CHAR(65) as char), cast(CHAR(97) as char);
```

	cast(CHAR(65) as char)	cast(CHAR(97) as char)
▶	A	a

아스키코드값 65와 97의 문자를 반환한다.

2) ASCII(아스키코드): 문자의 아스키코드값을 반환한다.

```
SELECT ASCII('A'), ASCII('a');
```

	ASCII('A')	ASCII('a')
▶	65	97

문자 'A'와 'a'의 아스키코드값을 반환한다.

```
SELECT ASCII('&'), ASCII('*');
```

	ASCII('&')	ASCII('*')
▶	38	42

문자 '&'와 '*'의 아스키코드값을 반환한다.

3) LENGTH(문자열): 문자열의 할당된 byte 수를 반환한다.

① SELECT LENGTH('communication');

	ASCII('&')	ASCII('*')
▶	38	42

② SELECT LENGTH('데이터베이스');

	LENGTH('데이터베이스')
▶	18

MySQL은 UTF-8코드를 사용하기 때문에 영문은 1글자가 1Byte이고 한글 1자는 3byte이다. 문자열의 할당된 byte 크기 13을 반환한다.

4) CHAR_LENGTH(문자열): 문자의 개수를 반환한다.

① SELECT CHAR_LENGTH('communication');

CHAR_LENGTH('communication')
▶ 13

문자의 개수 13을 반환한다.

② SELECT CHAR_LENGTH('데이터베이스');

CHAR_LENGTH('데이터베이스')
▶ 6

문자의 개수 6을 반환한다.

5) CONCAT(문자열1, 문자열2, ...) / CONCAT_WS(문자열1, 문자열2,...)
: 문자열의 결합과 구분자와 함께 문자열을 결합한다.

① SELECT CONCAT_WS('/', '2030', '01', '07');

CONCAT_WS('/', '2030', '01', '07')
▶ 2030/01/07

구분자 '/'를 추가해서 '2030/01/07'을 반환한다.

② **SELECT CONCAT(CONCAT(e_name,'의 직급은 ',grade),'입니다.')**
   AS '사원명과 직급' FROM EMPLOYEE;

사원명과 직급
▶ 김명수의 직급은 부장입니다.
안재환의 직급은 부장입니다.
박동진의 직급은 과장입니다.
이재황의 직급은 부장입니다.
이미라의 직급은 과장입니다.
NULL
서홍일의 직급은 부장입니다.
최무선의 직급은 과장입니다.
NULL
고근희의 직급은 부장입니다.

6) FORMAT(숫자, 소수점 자릿수): 천 단위마다 콤마(,)를 찍어 소수점 아래 자릿수까지 나타낸다.

```
SELECT FORMAT(120000.123456, 4);
```

FORMAT(120000.123456, 4)
▶ 120,000.1235

'120,000.1235'를 반환한다.

7) BIN(숫자), HEX(숫자), OCT(숫자): 2진수, 16진수, 8진수의 값을 반환한다.

① **SELECT BIN(256), HEX(256), OCT(256);**

BIN(256)	HEX(256)	OCT(256)
▶ 100000000	100	400

2진수 '100000000', 16진수 '100', 8진수 '400'을 반환한다.

② **SELECT BIN(45), HEX(50), OCT(80);**

	BIN(45)	HEX(50)	OCT(80)
▶	101101	32	120

2진수 '101101', 16진수 '32', 8진수 '120'을 반환한다.

8) LOWER(문자열) / UPPER(문자열): 소문자로 변환, 대문자로 변환한다.

```
SELECT LOWER('DATABASE'), UPPER('i love you');
```

	LOWER('DATABASE')	UPPER('i love you')
▶	database	I LOVE YOU

문자열 전체를 소문자, 대문자로 변환한다.

9) LEFT(문자열, 길이) / RIGHT(문자열, 길이)

: 왼쪽 또는 오른쪽에서 문자열의 길이만큼 반환한다.

```
SELECT LEFT('DATABASE', 4), RIGHT('i love you', 3);
```

	LEFT('DATABASE', 4)	RIGHT('i love you', 3)
▶	DATA	you

'DATA'와 'you'를 반환한다.

10) SUBSTR(문자열, 시작 위치, 길이): 특정 문자열을 추출하여 반환한다.

① **SELECT SUBSTR('ABCDEFGH', 3, 3);**

	SUBSTR('ABCDEFGH', 3, 3)
▶	CDE

문자열 'ABCDEFGH'의 3번째부터 3글자인 'CDE'를 반환한다.

② **SELECT SUBSTR('891201-1095456', 8, 1);**

	SUBSTR('891201-1095456', 8, 1)
▶	1

문자열 '891201-1095456'의 8번째부터 1글자인 '1'을 반환한다.

주로 주민등록번호로 성별을 구별할 때 사용한다.

11). REPLACE(문자열, 원래 문자열, 바꿀 문자열): 지정된 글자로 변경한다.

① **SELECT REPLACE('p Young Hee','p','Park') as 'replace';**

	replace
▶	Park Young Hee

소문자 'p'를 찾아서 'Park'로 대체한다.

② **SELECT REPLACE('A#B#C#D','#','@');**

	REPLACE('A#B#C#D','#','@')
▶	A@B@C@D

'#'을 찾아서 '@'로 대체한다.

연습문제

1. 다음 내장 함수의 결과를 작성하시오.

함수	결과
ABS(-40)	
ROUND(13.788, 2)	
LOWER('DATABASE')	
UPPER('big data')	
REPLACE('CSS','C','CA')	

함수	결과
SUBSTR('SQL Server',8,3)	
LENGTH('synchronous')	
MOD(40,7)	
CONCAT('My', 'Love~~')	
NOW( )	

PART 4

SQL 활용

chapter 8. 인덱스(INDEX)

chapter 9. 뷰(VIEW)

chapter 10. 트랜잭션 제어문(TCL)

chapter 11. 데이터베이스 보안과 권한 관리

MySQL™

01. 인덱스의 개념

⊞ 1. 인덱스(Index)의 정의

SQL에서 인덱스는 도서의 색인이나 사전과 비슷하게 특정 속성값을 기준으로 데이터를 빠르게 검색할 수 있는 기능을 제공한다. 인덱스는 CREATE TABLE 명령으로 생성된 기본 테이블에만 적용할 수 있으며, 가상 테이블인 VIEW에는 적용할 수 없다.

인덱스의 주된 목적은 검색 성능을 최적화하는 것이며, 이를 통해 검색 속도를 향상할 수 있다. 그러나 인덱스를 생성하면 추가적인 저장 공간이 필요하며, 인덱스를 유지하는 데에도 시간이 소요될 수 있어 검색 속도가 오히려 느려질 가능성이 있다. 따라서 인덱스를 생성할 때는 이러한 점들을 고려해야 한다.

- **릴레이션 크기(Relation size)가 큰 경우**

테이블의 데이터가 많고, 주로 전체 행의 10~15% 이내에서 검색이 이루어지는 경우에 인덱스가 효과적이다.

- **검색 빈도(Retrieval frequency)가 높은 릴레이션**

WHERE 절이나 JOIN 절에서 자주 사용되는 칼럼에 인덱스를 설정하는 것이 좋다. 특히 두 개 이상의 칼럼이 검색 조건이나 JOIN에 자주 포함되는 경우, 인덱스를 활용하면 성능을 향상시킬 수 있다.

인덱스는 클러스터형 인덱스(Clustered Index)와 보조 인덱스(Secondary Index)로 구분된다.

① 클러스터형 인덱스

- PRIMARY KEY로 설정된 열
- UNIQUE NOT NULL로 정의된 열
- 데이터가 오름차순으로 정렬됨.
- 하나의 테이블에 한 개만 생성 가능
- 인덱스가 생성될 때 데이터 페이지 전체가 재정렬됨.

② 보조 인덱스

- UNIQUE 또는 UNIQUE NULL로 설정된 열
- 테이블에 여러 개의 보조 인덱스를 생성할 수 있음.
- 인덱스 생성 시 데이터 페이지는 변경되지 않으며, 별도의 페이지에 인덱스가 구성됨.

일부 예외는 있지만 클러스터형 인덱스는 데이터의 검색 속도가 보조 인덱스보다 더 빠르다. 하지만 데이터의 입력, 수정, 삭제는 더 느리다.

🔲 **2.** B-Tree(Balanced Tree, 균형 트리) 구조

인덱스는 B-Tree 구조로 이루어져 있다. 이 구조는 데이터베이스와 파일 시스템에서 널리 사용되는 자료 구조로, 한 노드가 가질 수 있는 자식 노드의 최대 개수가 2보다 큰 트리 형태를 취한다.

B-Tree는 루트 노드와 리프 노드로 구성된 균형 트리(Balanced Tree)로, 각 노드의 접근이 디스크 접근 한 번에 해당하므로, 노드의 수를 줄이는 것이 인덱스 성능을 향상시키는 데 중요하다.

MySQL에서는 B-Tree의 각 노드를 페이지(page)라고 부르며, 이는 최소 저장 단위를 의미한다. 기본적으로 MySQL에서 한 페이지의 크기는 16Kbyte이다.

B-Tree의 주요 특징은 다음과 같다

- SELECT 문을 사용한 검색에 탁월한 성능을 보인다.
- 데이터 변경 작업(INSERT, UPDATE, DELETE) 시 성능 저하가 발생할 수 있다.
- 변경 시 트리의 균형을 유지하기 위해 분할과 합병이 일어난다.
- 특히, 삽입 작업 시 페이지 분할이 발생하면 성능이 크게 저하될 수 있다.
- 삭제 후 균형 재조정(rebalancing)이 필요하면, 이를 수행한다.

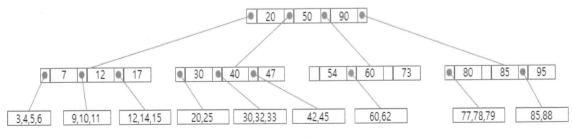

[그림 8-1] 차수가 4인 B-Tree 구조

02. 인덱스의 활용

1. 인덱스의 생성(CREATE INDEX)

인덱스의 생성은 CREATE INDEX문을 이용한다.

```
CREATE [UNIQUE] INDEX 인덱스 명
        ON 테이블명 (속성 이름 [ ASC | DESC ] [, ......n ]);
```

1) 실습을 위해 새로운 테이블을 생성한다.

```
CREATE TABLE BookList  (b_id varchar(4), b_name varchar(20));
```

```
SHOW TABLES;
```

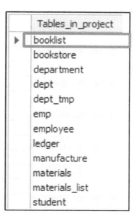

Tables_in_project
booklist
bookstore
department
dept
dept_tmp
emp
employee
ledger
manufacture
materials
materials_list
student

2) 튜플 값을 삽입한다.

```
INSERT INTO BookList VALUES('a004', '꼬꼬영'),
                           ('a003', '완전 초보를 위한 자바스크립트'),
                           ('b001', '사물인터넷 개론'),
                           ('b004', '파이썬으로 배우는 컴퓨터 프로그래밍'),
                           ('b003', '다양한 예제로 쉽게 배우는 R까기'),
                           ('a002', 'MFC프로그래밍'),
                           ('c003', '디지털공학'),
                           ('c004', 'XML입문'),
                           ('b005', '이산수학'),
                           ('b006', '알고리즘');
```

3) 입력된 순서로 출력한다.

```
SELECT * FROM BookList;
```

b_id	b_name
a004	꼬꼬영
a003	완전 초보를 위한 자바스크립트
b001	사물인터넷 개론
b004	파이썬으로 배우는 컴퓨터 프로그래밍
b003	다양한 예제로 쉽게 배우는 R까기
a002	MFC프로그래밍
c003	디지털공학
c004	XML 입문
b005	이산수학
b006	알고리즘

4) b_id를 기본키로 설정해 클러스터형 인덱스를 구성한다.

```
ALTER TABLE BookList
    ADD CONSTRAINT pk_bookstore primary key(b_id);
```

```
DESC BookList;
```

	Field	Type	Null	Key	Default	Extra
▶	b_id	varchar(4)	NO	PRI	NULL	
	b_name	varchar(20)	YES		NULL	

```
SELECT * FROM BookList;
```

	b_id	b_name
▶	a002	MFC프로그래밍
	a003	완전 초보를 위한 자바스크립트
	a004	꼬꼬영
	b001	사물인터넷 개론
	b003	다양한 예제로 쉽게 배우는 R까기
	b004	파이썬으로 배우는 컴퓨터 프로그래밍
	b005	이산수학
	b006	알고리즘
	c003	디지털공학
	c004	XML입문

b_id로 오름차순으로 정렬되었다.

5) 구매의뢰(MATERIALS_LIST) 테이블의 의뢰순번(order_no)을 대상으로 인덱스 MATE_IDX를 생성한다.

```
CREATE INDEX MATE_IDX ON MATERIALS_LIST(order_no);
```

```
SELECT * FROM MATERIALS_LIST USE INDEX(MATE_IDX);
```

order_no	m_no	m_name	m_standard	m_unit	p_no	m_qty	m_cost	m_price	dept_no	e_no
1	MC0203	아두이노	ARDUINO(UNO, BM)	개	MN0005	3	72000	180000	DN0002	EC0002
2	MC0203	아두이노	ARDUINO(UNO, CAR_V2.0)	개	MN0005	3	108000	270000	DN0002	EC0006
3	MC0203	PLC일체형	LS산전(glofa:GM7)	개	MN0005	1	300000	250000	DN0004	EC0010
4	MC0203	ac케이블	ac케이블(두께1.2mm, 10m)	m	MN0005	1	2160	1800	DN0002	EC0002
5	MC0203	ac케이블	ac케이블(두께1.6mm, 10m)	m	MN0005	1	2160	1800	DN0002	EC0006
6	MC0203	AVR	atmega(853516PU, DIP)	개	MN0005	1	36000	30000	DN0002	EC0002
7	MC0202	건전지	알카라인(AA)	개	MN0006	30	1320	33000	DN0002	EC0002
8	MC0202	마이크로프로세서	ARDUINO(UNO, R3)	개	MN0009	5	12000	50000	DN0005	EC0004
9	MC0203	만능기판	에폭시(2.54mm, 40x50)	개	MN0009	50	12000	500000	DN0002	EC0003
10	MC0401	키보드	일반형(PS2/USB)	개	MN0007	20	8400	140000	DN0002	EC0006

6) 제작(MANUFACTURE) 테이블의 제품번호(p_no) 열을 대상으로 중복이 없는 인덱스 MANU_IDX를 생성한다.

```
CREATE UNIQUE INDEX MANU_IDX  ON MANUFACTURE(p_no);
```

```
SELECT * FROM MANUFACTURE USE INDEX(MANU_IDX);
```

p_no	p_name	m_date	m_term	e_no
MN0001	네트워크	2016-12-01	1	EC0003
MN0002	CAD	2002-04-01	2	EC0001
MN0003	디지털회로	1996-12-01	2	EC0007
MN0004	회로시뮬레이션	2006-08-12	3	EC0010
MN0005	사물인터넷	2012-03-06	4	EC0003
MN0006	임베디드시스템	2013-11-05	3	EC0009
MN0007	광통신	2000-02-05	1	EC0006
MN0008	기초전기전자	1997-06-05	4	EC0008
MN0009	마이크로프로세서	2014-06-02	2	EC0004

2. 인덱스의 확인(SHOW INDEX)

테이블 내에 설정된 인덱스를 확인한다.

1) 제작(MANUFACTURE) 테이블에 설정되어 있는 인덱스를 확인한다.

```
SHOW INDEX FROM MANUFACTURE;
```

Table	Non_unique	Key_name	Seq_in_index	Column_name	Collation	Cardinality	Sub_part	Packed	Null	Index_type
manufacture	0	PRIMARY	1	p_no	A	8	NULL	NULL		BTREE
manufacture	0	MANU_IDX	1	p_no	A	9	NULL	NULL		BTREE
manufacture	1	e_no	1	e_no	A	7	NULL	NULL		BTREE

2) 사원(EMPLOYEE) 테이블에 설정되어 있는 인덱스를 확인한다.

```
SHOW INDEX FROM EMPLOYEE;
```

Table	Non_unique	Key_name	Seq_in_index	Column_name	Collation	Cardinality	Sub_part	Packed	Null	Index_type
employee	0	PRIMARY	1	e_no	A	8	NULL	NULL		BTREE

▦ 3. 인덱스의 재구성(ALTER INDEX)

대부분의 인덱스는 B-tree 구조를 사용하며, 데이터의 빈번한 수정, 삭제, 삽입이 있을 경우 노드의 갱신이 자주 발생한다. 이러한 갱신은 단편화(fragmentation)를 유발하여 검색 성능을 저하시킬 수 있다. 이러한 경우 인덱스를 재구성하여 성능을 최적화해야 한다.

```
ALTER INDEX 인덱스명
      ON 테이블명 REBUILD | DISABLE | REORGANIZE ;
```

- REBUILD: 단편화가 많이 발생한 기존 인덱스를 삭제하고 새로 생성한다.
- DISABLE: 해당 인덱스의 사용을 일시적으로 중지시킨다.
- REORGANIZE: 기존 인덱스를 정리하여 합병하거나 단편화를 제거한다.

1) 인덱스 MATE_IDX를 재생성한다.

```
ALTER INDEX MATE_IDX ON MATERIALS_LIST REBUILD;
```

📑 4. / 인덱스의 삭제(DROP INDEX)

인덱스가 불필요하거나 수정해야 하는 경우 인덱스를 삭제한다.

```
DROP INDWX 인덱스명 ON 테이블명;
```

1) 구매 의뢰(MATERIALS_LIST) 테이블 내에 있는 인덱스 MATE_IDX_NAME를 삭제한다.

```
DROP INDEX MATE_IDX_NAME on MATERIALS_LIST;
```

```
SHOW INDEX FROM MANUFACTURE;
```

Table	Non_unique	Key_name	Seq_in_index	Column_name	Collation	Cardinality	Sub_part	Packed	Null	Index_type
manufacture	0	PRIMARY	1	p_no	A	8	NULL	NULL		BTREE
manufacture	1	e_no	1	e_no	A	7	NULL	NULL		BTREE

삭제되어 보이지 않는다.

01. 뷰의 특성 및 종류

뷰(View)는 실제 테이블에서 특정 조건에 맞는 데이터를 추출하여 생성된 가상의 테이블이다. 뷰는 물리적으로 디스크에 저장되지 않고, 뷰 생성 시 정의된 스키마 정보만이 저장된다. 실행 시점에 기본 테이블에서 데이터를 가져와 뷰를 생성하며, 데이터 딕셔너리 테이블인 USER_VIEWS에 뷰를 정의한 SELECT 문이 저장된다.

뷰의 장점은 기본 테이블의 데이터가 변경되면 뷰에도 반영된다는 점이다. 이는 사용자에게 데이터베이스에 저장된 정보를 다양한 방식으로 활용할 수 있는 강력한 융통성(flexibility)을 제공한다. 또한, 여러 테이블에 분산된 데이터 중에서 필요한 정보만을 선택하여 뷰를 생성함으로써 효율적인 데이터 처리가 가능하다. 생성된 뷰는 특정 사용자만 접근할 수 있도록 쿼리 내용을 암호화할 수 있어 보안 유지에도 유리하다.

① 단순 뷰(Simple View)

하나의 테이블로 구성된 뷰로, 기본 테이블의 데이터를 INSERT, DELETE, UPDATE와 같은 DML 명령어를 통해 직접 조작할 수 있다.

② 복합 뷰(Complex View)

두 개 이상의 기본 테이블을 기반으로 한 뷰로, DML 명령어의 사용이 제한적이다.

02. 뷰의 활용

1. 뷰의 생성(CREATE VIEW)

뷰를 생성할 때 칼럼명을 명시하지 않으면 기본 테이블의 칼럼명이 자동으로 사용된다. 함수나 표현식을 포함할 경우 칼럼 별명을 명시해야 한다. 뷰 정의 시 서브쿼리에서 조인이나 그룹 연산은 가능하지만, ORDER BY 절은 사용할 수 없다.

SQL 질의어에서 뷰를 생성하기 위해 사용하는 명령어는 CREATE VIEW이며 형식은 다음과 같다.

```
CREATE VIEW 뷰 이름 [ (칼럼명1, 칼럼명2, .... ) ]
        AS SELECT 문
```

1) 단순 뷰 생성 예

(1) 사원(EMPLOYEE) 테이블에서 주소(e_address)가 '울산'인 사원의 사원번호(e_no), 이름(e_name), 주소(e_address)를 추출하여 addr_viw 뷰로 생성한다.

```
CREATE VIEW addr_viw(e_no, e_name, e_address)
    AS SELECT e_no, e_name, e_address
```

```
        FROM EMPLOYEE
        WHERE e_address='울산';
```

```
    SELECT * FROM addr_viw;
```

e_no	e_name	e_address
▶ EC0002	안재환	울산
EC0006	김민준	울산

주소가 '울산'인 사원의 사원번호, 이름, 주소가 검색된다.

(2) 사원(EMPLOYEE) 테이블에서 사원번호(e_no), 이름(e_name), 직급(grade)을 추출한 grade_viw로 뷰를 생성한다.

```
    CREATE VIEW grade_viw
        AS SELECT e_no, e_name, grade FROM EMPLOYEE;
```

```
    SELECT * FROM grade_viw;
```

e_no	e_name	grade
▶ EC0001	김명수	부장
EC0002	안재환	부장
EC0003	박동진	과장
EC0004	이재황	부장
EC0005	이미라	과장
EC0006	김민준	NULL
EC0007	서홍일	부장
EC0008	최무선	과장
EC0009	양현석	NULL
EC0010	고근희	부장

(3) 구매 의뢰(MATERIALS_LIST) 테이블에서 부서명(dept_no)이 'DN0002'인 자료를 재료코드(m_no), 재료명(m_name), 규격(m_standard), 의뢰금액(m_price), 부서코드(dept_no), 의뢰자(e_no) 칼럼만 추출하여 mat_dn0002_viw 뷰를 생성한다.

```
CREATE VIEW
        mat_dn0002_viw(m_no, m_name, m_standard, m_price, dept_no, e_no)
        AS select m_no, m_name, m_standard, m_price, dept_no, e_no
        FROM MATERIALS_LIST
        WHERE dept_no='DN0002';


SELECT * FROM mat_dn0002_viw;
```

m_no	m_name	m_standard	m_price	dept_no	e_no
MC0203	아두이노	ARDUINO(UNO, BM)	180000	DN0002	EC0002
MC0203	아두이노	ARDUINO(UNO, CAR_V2.0)	270000	DN0002	EC0006
MC0203	ac케이블	ac케이블(두께1.2mm, 10m)	1800	DN0002	EC0002
MC0203	ac케이블	ac케이블(두께1.6mm, 10m)	1800	DN0002	EC0006
MC0203	AVR	atmega(853516PU, DIP)	30000	DN0002	EC0002
MC0202	건전지	알카라인(AA)	33000	DN0002	EC0002
MC0203	만능기판	에폭시(2.54mm, 40x50)	500000	DN0002	EC0003
MC0401	키보드	일반형(PS2/USB)	140000	DN0002	EC0006

(4) 수불 리스트(LEDGER)의 의뢰순번(order_no)과 구매의뢰(MATERIALS_LIS) 테이블의 의뢰순번(order_no)이 같은 것을 찾아서 새로운 뷰를 생성한다.

```
CREATE VIEW stock_view AS
        SELECT l.order_no, l.m_use, m.m_qty, l.m_stock
                FROM LEDGER l
        INNER JOIN MATERIALS_LIST m
        ON l.order_no = m.order_no;
```

```
SELECT * FROM stock_view;
```

order_no	m_use	m_qty	m_stock
1	2	3	NULL
2	1	3	NULL
3	0	1	NULL
4	0	1	NULL
5	1	1	NULL
6	1	1	NULL
7	5	30	NULL
8	3	5	NULL
9	12	50	NULL
10	5	20	NULL

📇 2. 뷰의 검색(SELECT * FORM 뷰 이름)

기본 테이블의 데이터 검색과 동일한 방법이며 생성한 뷰에 대해 검색한다.

```
SELECT (칼럼명1, 칼럼명2, ..... ) FROM 뷰 이름
       [ WHERE 조건문 ];
```

1) 뷰 addr_viw의 모든 데이터를 검색하라.

```
SELECT * FROM addr_viw;
```

	e_no	e_name	e_address
▶	EC0002	안재환	울산
	EC0006	김민준	울산

2) 뷰 addr_viw에서 성이 "안" 씨인 사람을 검색하라.

```
SELECT * FROM addr_viw  WHERE e_name like '안%';
```

	e_no	e_name	e_address
▶	EC0002	안재환	울산

3) 뷰 stock_viw의 구조를 확인한다.

```
DESC stock_view;
```

	Field	Type	Null	Key	Default	Extra
▶	order_no	smallint	NO		NULL	
	m_use	smallint	NO		NULL	
	m_qty	smallint	NO		NULL	
	m_stock	smallint	YES		NULL	

4) 생성된 mat_name_viw를 이용하여 재료명(m_name)에 '케이블'이 포함된 튜플을 검색한다.

```
SELECT * FROM mat_dn0002_viw
        WHERE m_name like '%케이블%';
```

	m_no	m_name	m_standard	m_price	dept_no	e_no
▶	MC0203	ac케이블	ac케이블(두께1.2mm, 10m)	1800	DN0002	EC0002
	MC0203	ac케이블	ac케이블(두께1.6mm, 10m)	1800	DN0002	EC0006

📊 3. 뷰의 수정(ALTER VIEW)

뷰에 대하여 조작이 불가능한 경우는 뷰 정의에 포함되지 않은 기본 테이블의 칼럼이 NOT NULL 제약 조건을 가질 경우는 INSERT만 불가능하고, 표현식으로 정의된 칼럼에 대해서는 UPDATE, INSERT가 불가능하다. 그리고 그룹 함수를 포함하거나 GROUP BY 절 포함, DISTINCT 키워드를 포함하는 경우는 DML 명령문 자체가 사용이 불가능하다.

1) 생성된 뷰 mat_dn0002_viw를 이용하여 가격(m_price)이 300,000원 이상인 튜플만 검색한다. 단, 부서코드(dept_no)와 의뢰자(e_no)는 필요하지 않으므로 제외하고 뷰를 수정한다.

```
ALTER VIEW
      mat_dn0002_viw(m_no, m_name, m_standard, m_price)
      AS select m_no, m_name, m_standard, m_price
      FROM MATERIALS_LIST
      WHERE m_price>=300000;
```

```
SELECT * FROM mat_dn0002_viw;
```

	m_no	m_name	m_standard	m_price
▶	MC0203	만능기판	에폭시(2.54mm, 40x50)	500000

뷰의 수정 후 가격이 300,000원 이상인 제품이 부서코드와 의뢰자는 제외한 변경된 결과가 검색된다.

2) 생성된 뷰 stock_viw를 통해서 재고수량(m_stock) 칼럼을 수량(m_qty) – 사용량
(m_use) 한 값으로 갱신한다.

```
UPDATE stock_view SET m_stock = m_qty – m_use;
```

```
SELECT * FROM stock_viw;
```

위 실행 결과 오류 발생 시 아래 명령으로 확인하고 대처하기 바람.

```
SELECT m_qty, m_use, m_qty-m_use AS new_m_stock FROM stock_view;
```

m_qty	m_use	new_m_stock
3	2	1
3	1	2
1	0	1
1	0	1
1	1	0
1	1	0
30	5	25
5	3	2
50	12	38
20	5	15

뷰를 통해서 갱신된 재고 수량을 확인한다.

　　뷰에 대하여 조작이 불가능한 경우는 뷰 정의에 포함되지 않은 기본 테이블의 칼럼이 NOT
NULL 제약 조건을 가질 경우는 INSERT만 불가능하고, 표현식으로 정의된 칼럼에 대해서는
UPDATE, INSERT가 불가능하다. 그리고 그룹 함수를 포함하거나 GROUP BY 절 포함,
DISTINCT 키워드를 포함하는 경우는 DML 명령문 자체가 사용이 불가능하다.

📊 4. 뷰의 삭제(DROP VIEW)

```
DROP VIEW 뷰 이름 [, 뷰 이름, ....... ];
```

---

1) 생성된 뷰 mat_name_viw를 삭제한다.

```
DROP VIEW addr_viw;
```

```
SELECT * FROM addr_viw;
```

> Error Code: 1146. Table 'project.addr_viw' doesn't exist

연습문제

1. 뷰를 통해서 실습한다.

① 뷰에 그룹 함수를 사용한다.

```
CREATE VIEW sum_viw AS
      SELECT m_no as '재료코드', SUM(m_price) as '총의뢰 금액'
      FROM MATERIALS_LIST
      GROUP By m_no;


SELECT * FROM sum_viw;
```

재료코드	총 의뢰금액
▶ MC0202	83000
MC0203	1233600
MC0401	140000

② 재료명(m_name)이 '아두이노' 가 포함된 자료만 보여 주는 뷰를 생성한다.

```
CREATE VIEW m_name_viw AS
      SELECT * FROM MATERIALS_LIST
      WHERE m_name LIKE '%아두이노%';


SELECT * FROM m_name_viw;
```

	order_no	m_no	m_name	p_no	m_qty	m_cost	m_price	dept_no	e_no	m_standard	m_unit
▶	1	MC0203	아두이노	MN0005	3	72000	180000	DN0002	EC0002	ARDUINO(UNO, BM)	개
	2	MC0203	아두이노	MN0005	3	108000	270000	DN0002	EC0006	ARDUINO(UNO, CAR_V2.0)	개

③ 사원(EMPLOYEE) 테이블의 부서명(dept_name)이 '자동화'가 포함되는 사원들로 구성된 뷰
를 생성한다.

```
CREATE VIEW d_name_viw AS SELECT * FROM EMPLOYEE
       WHERE dept_name LIKE '%자동화%';
```

```
SELECT * FROM d_name_viw;
```

	e_no	e_jumin	e_name	dept_name	grade	e_date	e_tel	e_address	e_sal
▶	EC0004	611115-1058555	이재황	산업자동화부	부장	1982-02-01	010-4562-8960	마산	550
	EC0007	761205-1485952	서홍일	산업자동화부	부장	2009-12-01	010-2571-1080	대구	400

④ 생성된 뷰 d_name_viw에서 주소(e_address)가 '대구'인 사원의 이름(e_name)과 전화번호(e_tel)
을 검색한다.

```
SELECT e_name 이름, e_tel 전화번호   FROM d_name_viw
       WHERE e_address='대구';
```

	이름	전화번호
▶	서홍일	010-2571-1080

⑤ 생성된 뷰 d_name_viw에서 주소(e_address)를 '울산'으로 변경하도록 뷰를 수정한다.

```
ALTER VIEW d_name_viw(e_no, e_name, dept_name, e_address) AS

    SELECT e_no, e_name, dept_name, e_address

    FROM EMPLOYEE

    WHERE e_address LIKE '%울산%';
```

```
SELECT * FROM d_name_viw;
```

e_no	e_name	dept_name	e_address
EC0002	안재환	정보통신부	울산
EC0006	김민준	NULL	울산

⑥ 뷰 d_name_viw를 삭제한다.

```
DROP VIEW d_name_viw;
```

```
SELECT * FROM d_name_viw;
```

```
ERROR 1146 (42S02): Table 'project.d_name_viw' doesn't exist
```

01. 트랜잭션(Transaction)관리

트랜잭션 제어문(TCL, Transaction Control Language)은 데이터베이스에서 트랜잭션의 시작, 완료, 취소 등을 제어하기 위한 명령이다.

트랜잭션은 데이터베이스에서 논리적으로 분리된 작업의 최소 단위로 반드시 전부 성공(ALL)하거나 전부 실패(Nothing)해야 한다. 즉 트랜잭션 내의 모든 작업이 성공적으로 완료되거나, 문제가 발생할 경우 모든 작업이 원래 상태로 되돌아가야 한다.

예를 들어, 한 통장에서 잔액을 인출하고 다른 통장에 입금하는 작업이 있다고 가정한다면, 작업 도중 전원 문제나 시스템 오류로 인해 인출 작업만 수행되고 입금 작업이 실패할 경우, 데이터베이스의 일관성이 손상될 수 있다.

이러한 상황에서는 잔액이 감소한 통장은 있지만 입금된 통장은 없기 때문에 데이터의 일관성을 유지할 수 없다.

트랜잭션 제어문은 이러한 문제를 방지하기 위해 설계되었다. 트랜잭션이 성공적으로 완료되려면 모든 작업이 성공해야 하며, 그렇지 않을 경우 모든 작업이 취소되어 데이터베이스 상태를 원래대로 되돌린다. 이렇게 함으로써 데이터의 무결성과 일관성을 보장할 수 있다.

1. 트랜잭션의 특성

트랜잭션의 특성을 ACID 특성이라 한다.

특성	의미
원자성(Atomicity)	트랜잭션의 처리가 모두 성공적이거나 전혀 실행되지 않아야 한다.
일관성(Consistency)	실행 전 데이터베이스가 문제가 없다면 실행 후에도 문제가 없어야 한다.
고립성(Isolation)	트랜잭션이 실행되는 도중에 다른 트랜잭션의 영향을 받아 잘못된 결과를 만들어서는 안 된다.
지속성(Durability)	성공적인 트랜잭션의 수행 후에는 반드시 데이터베이스에 수정 내용을 반영해야 한다.

[표 10-1] 트랜잭션의 특성(ACID)

2. 트랜잭션의 대상

SQL문 중 트랜잭션의 대상은 INSERT, UPDATE, DELETE 등의 DML문으로 SELECT문은 직접적인 트랜잭션의 대상은 아니지만, SELECT FOR UPDATE 등의 배타적 LOCK을 요구하는 SELECT문은 트랜잭션의 대상이 될 수 있다.

02. 트랜잭션 제어문

트랜잭션 제어문으로는 올바르게 반영된 데이터를 반영시키는 커밋(COMMIT)과 트랜잭션을 시작 이전의 상태로 되돌리는 롤백(ROLLBACK), 저장점(SAVEPOINT) 기능이 있다.

1. 트랜잭션의 완료(COMMIT)

COMMIT 명령은 해당 트랜잭션을 성공적으로 종료 또는 완료하고 난 후 변경한 데이터를 데이 터베이스에 반영한다. 대부분 자동 기능(AUTO COMMIT)을 제공한다.

```
COMMIT;
```

TIP! AUTO COMMIT 확인 후 해제하는 법

```
SELECT @@AUTOCOMMIT;
```

여기서 결과가 1이면 AUTO COMMIT이 설정되어 있는 상태이고, 0이면 해제되어 있는 것이다. AUTO COMMIT을 해제한다.

```
SET AUTOCOMMIT=FALSE;
```

1) 학생(STUDENT) 테이블에 데이터를 삽입하고 COMMIT을 실행한다.

```
SELECT * FROM STUDENT;
```

id	name	sex	address	birthday
1	김상경	M	제주	1979-11-24
2	최백호	M	전주	1987-11-16
3	강상희	F	서울	1999-02-06
4	김마린	M	부산	1987-12-05
5	박유찬	M	울산	1988-12-14
6	사마천	M	중국	2067-12-05
7	류상순	F	중국	1979-05-14
8	이순신	M	남원	1992-07-12

```
INSERT INTO STUDENT
        VALUES (9, '이소룡', 'F', '강원', 990102);


COMMIT;


SELECT * FROM STUDENT;
```

id	name	sex	address	birthday
1	김상경	M	제주	1979-11-24
2	최백호	M	전주	1987-11-16
3	강상희	F	서울	1999-02-06
4	김마린	M	부산	1987-12-05
5	박유찬	M	울산	1988-12-14
6	사마천	M	중국	2067-12-05
7	류상순	F	중국	1979-05-14
8	이순신	M	남원	1992-07-12
9	이소룡	F	강원	1999-01-02

입력 완료되었음을 확인할 수 있다.

2) 학생(STUDENT) 테이블에 데이터를 수정하고 COMMIT을 실행한다.

```
UPDATE STUDENT SET  address='부산' WHERE id=5;


COMMIT;


SELECT * FROM STUDENT;
```

3) 학생(STUDENT) 테이블에 데이터를 삭제하고 COMMIT을 실행한다.

```
DELETE FROM STUDENT;
```

```
COMMIT;
```

```
SELECT * FROM STUDENT;
```

COMMIT 명령이 실행되어 STUDENT 테이블의 내용이 삭제되었다.

📋 2. 트랜잭션의 취소(ROLLBACK)

트랜잭션의 취소(ROLLBACK) 명령은 변경한 데이터를 트랜잭션 시작 이전으로 데이터를 되돌린다.

```
ROLLBACK;
ROLLBACK TO 저장점 명;
```

1) 학생(STUDENT) 테이블에 데이터를 삽입하고 ROLLBACK;을 실행한다.

```
INSERT INTO STUDENT VALUES(9, '이소룡', 'F', '강원', 990102);

COMMIT;

INSERT INTO STUDENT VALUES(10, '강감찬', 'F', '충청', 870512);

SELECT * FROM STUDENT;
```

	id	name	sex	address	birthday
▶	9	이소룡	F	강원	1999-01-02
	10	강감찬	F	충청	1987-05-12

```
ROLLBACK;

SELECT * FROM STUDENT;
```

id	name	sex	address	birthday
9	이소룡	F	강원	1999-01-02

COMMIT을 하지 않은 상태로 ROLLBACK을 수행하였으므로 10번 '강감찬'의 레코드는 취소되었다.

2) 학생(STUDENT) 테이블에 데이터를 수정하고 ROLLBACK을 실행한다.

```
UPDATE STUDENT SET address='부산' WHERE id=9;
```

```
SELECT * FROM STUDENT WHERE id=9;
```

id	name	sex	address	birthday
9	이소룡	F	부산	1999-01-02

```
ROLLBACK;
```

```
SELECT * FROM STUDENT;
```

id	name	sex	address	birthday
9	이소룡	F	강원	1999-01-02

데이터를 수정 후 COMMIT을 수행하지 않은 채 ROLLBACK을 수행하면 수정된 데이터는 취소되어 원래 상태로 반환된다.

3) 학생(STUDENT) 테이블에 데이터를 삭제하고 ROLLBACK을 실행한다.

```
DELETE FROM STUDENT;
```

```
SELECT * FROM STUDENT;
```

id	name	sex	address	birthday
NULL	NULL	NULL	NULL	NULL

```
ROLLBACK;
```

```
SELECT * FROM STUDENT;
```

id	name	sex	address	birthday
9	이소룡	F	강원	1999-01-02

COMMIT을 수행하지 않았으므로 DELETE를 수행하여 삭제되었어도 ROLLBACK에 의하여 취소되어 원래대로 돌아간다.

▤ 3. 임의의 저장점 설정(SAVEPOINT)

임의의 저장점 설정(SAVEPOINT) 명령은 데이터 변경을 사전에 지정한 임의의 저장점까지만 변경 사항을 취소(ROLLBACK)한다.

```
SAVEPOINT 저장점 명;
```

아래의 그림은 ROLLBACK의 원리이다. 저장점까지 롤백하면 그 저장점 이후에 설정한 저장점은 무효가 된다. 저장점 지정 없이 'ROLLBACK'을 실행했을 경우 반영 안 된 모든 변경 사항을 취소하고 트랜잭션 시작 위치로 돌아간다.

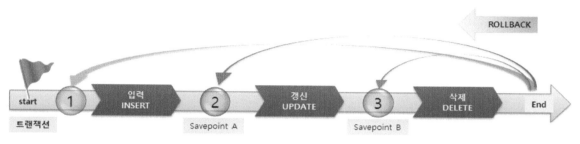

[그림 10-1] ROLLBACK 원리

① ROLLBACK: 저장점 없는 ROLLBACK의 경우 start(시작점)로 되돌린다.
　　　　　　즉 입력, 갱신, 삭제 작업까지 진행된 모든 작업을 되돌린다.

② ROLLBACK 2: 저장점 A(Savepoint A)까지의 작업인 입력 내용을 제외하고 모든 작업을 되돌린다.

③ ROLLBACK 3: 저장점 B(Savepoint B)까지의 작업인 입력, 갱신 내용을 제외하고 모든 작업을
　　　　　　되돌린다.

1) 학생(STUDENT) 테이블에 SAVEPOINT를 지정하고 데이터를 입력한 다음 ROLLBACK을 이전에 설정한 저장점까지 실행한다.

```
INSERT INTO STUDENT VALUES(10, '강감찬', 'F', '충청', 870512);

SELECT * FROM STUDENT;
```

	id	name	sex	address	birthday
▶	10	강감찬	F	충청	1987-05-12

SAVEPOINT SVPT1;

UPDATE STUDENT SET SEX='M';

SELECT * FROM STUDENT;

	id	name	sex	address	birthday
▶	10	강감찬	M	충청	1987-05-12

SAVEPOINT SVPT2;

DELETE FROM STUDENT;

SELECT * FROM STUDENT;

	id	name	sex	address	birthday
*	NULL	NULL	NULL	NULL	NULL

ROLLBACK TO SVPT2;

SELECT * FROM STUDENT;

	id	name	sex	address	birthday
▶	10	강감찬	M	충청	1987-05-12

SVPT2까지 이전으로 변경된 데이터를 돌려놓는다.

연습문제

1. COMMIT문과 ROLLBACK문에 대하여 실습한다.

① EMP 테이블에서 사원번호(e_no)가 'EC0009'인 사원을 삭제한다.

	e_no	e_name	dept_no	grade
▶	EC0001	김명수	DN0001	부장
	EC0002	안재환	DN0002	부장
	EC0003	박동진	DN0002	과장
	EC0005	이미라	DN0001	과장
	EC0010	고근희	DN0006	부장

```
DELETE FROM EMP WHERE e_no='EC0002';
```

② 확인한다.

```
SELECT * FROM EMP;
```

	e_no	e_name	dept_no	grade
▶	EC0001	김명수	DN0001	부장
	EC0003	박동진	DN0002	과장
	EC0005	이미라	DN0001	과장
	EC0010	고근희	DN0006	부장

③ ROLLBACK문을 실행하여 취소한다.

```
ROLLBACK;
```

④ 확인한다.

```
SELECT * FROM EMP;
```

	e_no	e_name	dept_no	grade
▶	EC0001	김명수	DN0001	부장
	EC0002	안재환	DN0002	부장
	EC0003	박동진	DN0002	과장
	EC0005	이미라	DN0001	과장
	EC0010	고근희	DN0006	부장

ROLLBACK문에 의해 삭제가 취소되어 원래대로 돌아온다.

⑤ 이번에는 다시 삭제하고 COMMIT문을 실행한다.

```
DELETE FROM EMP WHERE e_no='EC0002';
```

```
COMMIT;
```

	e_no	e_name	dept_no	grade
▶	EC0001	김명수	DN0001	부장
	EC0003	박동진	DN0002	과장
	EC0005	이미라	DN0001	과장
	EC0010	고근희	DN0006	부장

⑥ ROLLBACK문을 실행한다.

```
ROLLBACK;
```

⑦ 확인한다.

```
SELECT * FROM EMP;
```

e_no	e_name	dept_no	grade
EC0001	김명수	DN0001	부장
EC0003	박동진	DN0002	과장
EC0005	이미라	DN0001	과장
EC0010	고근희	DN0006	부장

복원되지 않았다. 즉 INSERT, DELETE, UPDATE문의 실행 결과는 실제로 COMMIT문을 만나지 않으면 데이터베이스에 반영되지 않는다.

01. 권한 허가(GRANT)

데이터베이스에서 보안을 유지하는 것은 DBMS의 중요한 역할 중 하나이다. 이를 위해 DBMS는 사용자 권한을 관리하여 데이터의 접근을 제어한다.

데이터베이스의 보안과 권한 관리를 위해 사용되는 명령어로는 권한을 부여하는 GRANT와 권한을 취소하는 REVOKE가 있다.

예를 들어, GRANT 명령어를 사용하여 특정 사용자에게 데이터베이스 객체에 대한 접근 권한을 부여할 수 있다.

```
GRANT 권한 ON 데이터베이스 테이블 TO '아이디'@'호스트'
                IDENTIFIED BY '암호'
```

- 권한: SELECT, INSERT, DELETE, UPDATE, REFERENCES 중 한 개 이상의 허가할 권한을 지정한다. 외래 키 제약 조건을 설정할 때 REFERENCES(칼럼명)의 형태로 사용한다.

- 칼럼: 권한 중 SELECT와 UPDATE, REFERENCES를 사용할 때 권한을 부여할 테이블의 칼럼명을 지정한다. 반드시 ()안에 표시해야 하며 생략 시 해당 객체의 모든 속성이 적용 대상에 포함된다.

- 객체: 테이블이나 뷰 등의 이름이 올 수 있다.

- TO 사용자: 권한을 부여할 사용자를 지정한다. 롤(ROLE)에 대한 권한 추가도 할 수 있다. PUBLIC은 모든 사용자가 사용 가능하도록 공개적으로 권한을 부여한다.

- WITH GRANT OPTION: 다른 사용자에게 권한을 부여할 권한을 부여한다.

1. 권한의 제한

사용할 수 있는 권한을 사용자의 역할이나 서버에 접근하는 목적에 따라 제한하여 부여한다.

권한	권한 가능한 명령
개발자	DELETE, INSERT, SELECT, UPDATE
설계자	ALTER, CREATE, DELETE, DROP, INDEX, INSERT, SELECT, UPDATE
데이터베이스 관리자	ALL

[표 11-1] 권한의 제한

Privilege	설명
CREATE	데이터베이스, 테이블 생성
GRANT OPTION	사용자들의 권한을 부여하거나 제거
ALTER	테이블의 구조 변경
INDEX	인덱스를 생성하거나 삭제
INSERT	행의 추가

UPDATE	행의 변경
DELETE	행의 삭제
SELECT	행의 조회
LOCK TABLES	테이블 잠그기
DROP	데이터베이스, 테이블 삭제
CREATE TEMPORARY TABLES	임시 테이블의 생성
CREATE VIEW	뷰의 생성
SHOW VIEW	뷰의 확인
ALTER ROUTINE	프로시저, 함수의 변경 삭제
CREATE ROUTINE	프로시저, 함수의 생성
EXECUTE	프로시저, 함수의 실행

[표 11-2] 권한 테이블

1) 대표이사(ceo)의 권한을 생성하고 비밀번호를 'ceo'로 부여한 후 모든 읽기 권한을 부여한다.

```
CREATE USER ceo@'%' IDENTIFIED BY 'ceo';


GRANT SELECT ON *.* TO ceo@'%';


SHOW GRANTS FOR ceo;
```

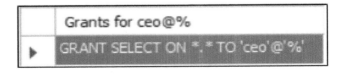

Grants for ceo@%
▶ GRANT SELECT ON *.* TO 'ceo'@'%'

대표이사에게 모든 읽기 권한을 부여했다.

2) DBA인 총괄팀장(mgr)의 권한을 생성하고 비밀번호를 'mgr'로 부여한 후 모든 권한을 부여한다.

```
CREATE USER mgr@'%'  IDENTIFIED BY 'mgr';


GRANT ALL ON *.* TO mgr@'%' WITH GRANT OPTION;


SHOW GRANTS FOR mgr;
```

Grants for mgr@%
▶ GRANT ALL PRIVILEGES ON *.* TO 'mgr'@'%' ...

3) ID가 poly, 비밀번호가 1234인 사용자가 total 데이터베이스만 접근하게 하려면 아래와 같이 한다.

```
CREATE USER poly@'%' IDENTIFIED BY '1234';


GRANT DELETE, INSERT, SELECT, UPDATE
     ON total.* TO 'poly'@'%' IDENTIFIED BY '1234';
```

4) ID가 tech, 비밀번호가 2222이고 클라이언트의 IP가 120.120.120.100인 사용자가 모든 데이터베이스에 접근하면서 설계자의 권한 템플릿을 이용할 때

```
GRANT ALTER, CREATE, DELETE, DROP, INDEX,
     SELECT, UPDATE, INSERT, SELECT, UPDATE
     ON *.* TO 'tech'@'120.120.120.100' IDENTIFIED BY '2222';
```

📋 2. 대상의 제한

사용자가 제어할 대상이 되는 데이터베이스, 테이블, 뷰 등을 지정한다.
*를 사용하면 모든 데이터베이스, 테이블, 뷰 등을 제어 대상으로 한다.

1) 사용자가 대표이사(ceo)로 로그인하여 데이터베이스에 접근한다.

① 현재 root 계정에서 빠져나와 ceo 계정으로 접근한다. (비밀번호 : ceo)

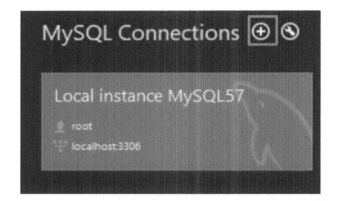

② Username: 'ceo'를 입력한다.

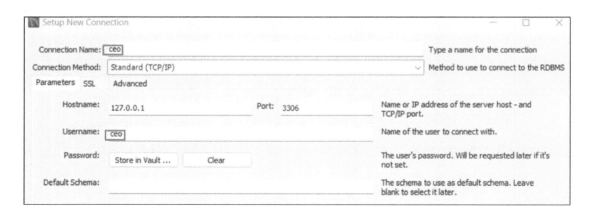

③ Test Connection 클릭한다.

④ 비밀번호 : 'ceo'를 입력한다.

⑤ ceo 계정이 추가되었다.

2) 클릭하여 접속한다.

```
USE project;
```

```
SELECT * FROM EMPLOYEE;
```

e_no	e_jumin	e_name	dept_name	grade	e_date	e_tel	e_address	e_sal
EC0001	580201-1952000	김명수	산업디자인부	부장	1973-01-02	010-5262-5633	부산	500
EC0002	680602-1095822	안재환	정보통신부	부장	1984-12-01	010-4789-2630	울산	560
EC0003	691215-1195774	박동진	정보통신부	과장	1984-12-01	010-4895-6333	창원	510
EC0004	611115-1058555	이재황	산업자동화부	부장	1982-02-01	010-4562-8960	마산	550
EC0005	700203-2058556	이미라	산업디자인부	과장	1986-11-01	010-4132-5412	부산	510
EC0006	761026-1025057	김민준	NULL	NULL	1992-03-01	010-8495-7890	울산	450
EC0007	761205-1485952	서홍일	산업자동화부	대리	2009-12-01	010-2571-1080	대구	400
EC0008	700409-1895233	최무선	신소재개발부	과장	2008-03-01	010-4512-8520	부산	510
EC0009	770107-1463992	양현석	NULL	NULL	2022-12-01	010-4578-8410	대구	510
EC0010	640305-1285080	고근회	설계부	부장	1996-04-01	010-4896-8992	서울	500

모든 읽기가 가능하다. 즉 읽기 권한이 있음을 확인할 수 있다.

```
DELETE FROM EMPLOYEE WHERE e_name='하태종';
```

Error Code: 1142. DELETE command denied to user 'ceo'@'localhost' for table 'employee'

대표이사는 삭제 권한이 없다는 에러 메시지를 확인할 수 있다.

3. 사용자의 제한

데이터베이스 서버에 접속하는 사용자를 제한한다.

아이디@호스트 중에서 호스트는 접속자가 사용하는 기기의 IP를 의미한다.

IP를 제한하여 poly@120.120.120.100 형식으로 사용하고 ID와 Password를 체크하고 특정 IP를 지정하지 않으려면 '%'를 붙여서 ploy@% 형식으로 부여한다.

📊 4. 권한 확인

자신의 권한이나 특정 사용자의 권한을 열람한다.

```
SHOW GRANT [ FOR 사용자 ];
```

1) 자신의 권한을 확인

다시 ROOT 계정으로 돌아와서 실행한다.

```
SHOW GRANTS;
```

Grants for root@localhost
▶ GRANT ALL PRIVILEGES ON *.* TO 'root'@'local...
GRANT PROXY ON "@" TO 'root'@'localhost' WI...

2) 특정한 사용자의 권한을 열람

```
SHOW GRANTS FOR poly;
```

Grants for poly@%
▶ GRANT USAGE ON *.* TO 'poly'@'%'
GRANT SELECT, INSERT, UPDATE, DELETE ON `total`.* TO 'poly'@'%'

3) 사용자 'poly'로 로그인하여 테이블 삭제(DROP TABLE)를 해본다.

```
DROP TABLE EMPLOYEE;

ERROR 1142 (42000): DROP command denied to user 'poly'@'localhost' for table 'EMPLOYEE'
```

삭제 권한이 없다는 에러 메시지를 확인할 수 있다.

02. 권한 제거(REVOKE)

소유자가 권한을 부여하고, 다시 권한을 제거하고자 하는 경우 REVOKE문을 사용한다. WITH GRANT OPTION을 이용하여 권한을 부여하고 다시 회수하는 경우에는 해당 권한으로 부여했던 권한들도 연쇄적으로 취소된다.

```
REVOKE 권한 ON 객체 FROM 사용자 [ FOR 사용자 ];
```

1) 사용자 poly의 데이터베이스 total의 DELETE 권한을 제거

```
REVOKE DELETE ON total.* FROM poly;
```

```
SHOW GRANTS FOR poly;
```

Grants for poly@%
GRANT USAGE ON *.* TO 'poly'@'%'
GRANT SELECT, INSERT, UPDATE ON `total`.* TO 'poly'@'%'

DELETE 권한이 제거됐음을 확인한다.

2) 권한을 부여받은 사용자를 삭제한다.

권한의 생성, 부여, 삭제, 수정 등은 root나 DBA만 할 수 있다.

```
ERROR 1227 (42000): Access denied; you need (at least one of) the CREATE USER privilege(s) for this operation
```

위는 root 나 DBA 계정으로 로그인하지 않았을 경우의 에러 메시지이다.

사용자 삭제 명령은 아래와 같다.

```
DROP USER 사용자 [, 사용자, ] .... ;
```

① 권한을 부여받은 사용자 'poly'를 삭제한다.

```
DROP USER poly;
```

②권한을 부여받은 대표이사 'ceo'를 삭제한다.

```
DROP USER ceo;
```

③ 사용자를 확인한다.

```
SHOW GRANTS FOR poly;
```

```
Error Code: 1141. There is no such grant defined for user 'poly' on host '%'
```

제거된 것을 확인할 수 있다.

연습문제

1. class라는 데이터베이스 안에 있는 모든 테이블에게 all(모든) 권한 부여

2. 이 데이터베이스 서버 안에 있는 모든 데이터베이스에게 권한 부여

핵심만 쏙! 실무에 딱!

데이터베이스 MySQL 기초 활용

| 2024년 | 8월 | 13일 | 1판 | 1쇄 | 인 쇄 |
| 2024년 | 8월 | 20일 | 1판 | 1쇄 | 발 행 |

지 은 이 : 박　　　영　　　희
펴 낸 이 : 박　　　정　　　태

펴 낸 곳 : **광　　　문　　　각**

10881
경기도 파주시 파주출판문화도시 광인사길 161
광문각 B/D 4층
등　　　록 : 1991. 5. 31 제12-484호
전　화(代) : 031-955-8787
팩　　　스 : 031-955-3730
E - mail : kwangmk7@hanmail.net
홈페이지 : www.kwangmoonkag.co.kr

ISBN : 979-11-93965-08-5　　93560

값 : 20,000원

※ 교재와 관련된 자료는 광문각 홈페이지
자료실(www.kwangmoonkag.co.kr)에서
다운로드 할 수 있습니다.

 한국과학기술출판협회
Korean Science & Technology Publisher Association